有限群の線型表現

J.-P. セール

有限群の線型表現

岩堀長慶
横沼健雄 訳

岩 波 書 店

REPRÉSENTATIONS LINÉAIRES DES GROUPES FINIS
deuxième édition
par Jean-Pierre Serre
1971

This book is published in Japan by arrangement with
les éditions scientifiques HERMANN S. A., Paris.

序

この本は三つの部分より成っているが，それぞれの程度も目標もかなり異なっているのである．

第Ｉ部は，理論化学者の実用に供し得るように書かれている．ここで述べるのは線型表現と指標の間のフロベニウス(Frobenius)による対応についてである．量子化学あるいは物理学に於けると同じ様に，数学に於てもいつも利用されている基本的な諸結果をとりあつかっている．私は，それらに出来るだけ初等的な証明を与えようと試みた次第である．すなわち群の定義自体と線型代数の基本事項だけを用いて論じている．§5のいろいろな実例は，化学者に有用なもののなかから選ばれている．

第II部は，1966年に，エコール・ノルマルの２年生に対して行なった講義である．次の点で第Ｉ部をおぎなっている．

a)　表現の次数と，指標の整数性(§6).

b)　誘導表現，アルチン(Artin)の定理，ブラウアー(Brauer)の定理，その応用(§7より§11).

c)　有理性の問題(§12及び§13).

用いる方法は，線型代数(第Ｉ部より広い意味での)による方法，すなわち，群環，加群，非可換テンソル積，半単純環などによるのである．

第III部はブラウアーの理論への入門である．それは標数0から標数pへの移行(及びその逆)を扱うのである．アーベル圏(アーベリアン・カテゴリー)の用語(射影的加群，グロタンディック(Grothendieck)群)を，この分野に順応させながら自由に用いている．

主な結果は:

a)　分解準同型写像は，上への写像であること；すなわち標数pのどの既約表現も，標数0の場合に《見掛け上は》持ち上げることが出来る．（すなわち適当なグロタンディック群の中に持ち上げることが出来る．）

b) 考えている群がp-可解であれば，上に述べた命題中の《見掛け上は》という語をのぞくことが出来る，という，フォン－スワン(Fong-Swan)の定理.

第III部ではまたアルチン表現に対する，いくつかの応用が与えられている.

私は次の方々に謝意を表することを喜びとするものである.

——Gaston Berthier と，Josiane Serre に；彼等の著者《量子化学》の付録に予定された第I部を，ここに再現することを許して頂いたことに対して.

——Yves Balasko に；講義のノートに従って，第II部の最初の草稿を書いて頂いたことに対して.

——Alexandre Grothendieck に；彼の代数幾何セミナー I. H. E. S. 1965/66 の一部である第III部を，ここに再録することを許して頂いたことに対して.

目　　次

第II部　標数0の場合の表現

第III部 ブラウアーの理論入門

第Ⅰ部　表現と指標

1. 線型表現に関する一般的なこと

1.1. 諸　定　義

Vを複素数体**C**上のベクトル空間とし，**GL**(V)を，Vからそれ自身の上への**同型写像**全体のなす群とする．**GL**(V)の元aとは，定義によれば，VよりVの中への線型写像で，逆元a^{-1}を持つものである；この逆元は線型である．Vが，n個の元よりなる有限基底(e_i)を持つとき，任意の線型写像a：V→Vは，n次の正方行列(a_{ij})によって定義される．成分a_{ij}は複素数である；これらは，変換された元$a(e_j)$を，基底(e_i)に関してあらわすことにより得られる：

$$a(e_j) = \sum_i a_{ij} e_i .$$

aが同型写像であるということは，aの行列式$\det(a)=\det(a_{ij})$が零でないということと同値である．群**GL**(V)は，このようにして，n次可逆正方行列全体のなす群と同一視される．

いまGを有限群とし，その単位元を1，その演算を$(s,t)\longmapsto st$とする．GのVに於ける**線型表現**とは，Gから群**GL**(V)の中への準同型写像ρである．換言すれば，各元$s\in$Gに，**GL**(V)の元$\rho(s)$を対応させて，等式

$$s,t\in \mathrm{G} \quad \text{に対して，} \quad \rho(st) = \rho(s)\cdot\rho(t),$$

が成立するとき，写像ρを線型表現というのである．[$\rho(s)$の代りにしばしばρ_sとも書く.] 前の等式より，次の式が得られることに注意する：

$$\rho(1) = 1, \qquad \rho(s^{-1}) = \rho(s)^{-1} .$$

ρが与えられたとき，Vを，Gの**表現空間**(又は，語のらん用であるが，単に，Gの**表現**)という．以下，つねに，Vが有限次元の場合のみ扱う．これは，き

ゅうくつな制限ではない．実際，大部分の応用においては，Vの有限個の元 x_i の行動に興味があるのだが，これに対してつねに，有限次元で，x_i を含む，Vの部分表現(後に定義される意味で，n° 1.3 を参照)をみつけることが出来るのである．それには x_i を変換した元 $\rho_s(x_i)$ で生成される部分ベクトル空間をとればよい．

従って，Vを有限次元と仮定し，その次元を n とする；n をまた，考えている表現の**次数**と呼ぶ．(e_i) を，Vの基底とし，R_s を，この基底に関する ρ_s の行列とする．このとき，次を得る：

$$\det(R_s) \neq 0, \qquad s, t \in G \quad \text{ならば} \quad R_{st} = R_s . R_t .$$

行列 R_s の成分を，$r_{ij}(s)$ であらわすとき，第二の式は，次のように書ける：

$$r_{ik}(st) = \sum_j r_{ij}(s) . r_{jk}(t) .$$

逆に，先の等式をみたす可逆行列系 $R_s = (r_{ij}(s))$ を与えると，GのVに於ける線型表現 ρ が定義される；このことが，表現を《**行列の形で**》与えるといわれるものである．

ρ, ρ' を，同じ群Gの，それぞれベクトル空間 V, V' に於ける，二つの線型表現とする．これらの表現が**同値**である(又は**同型**である)とは，ρ を ρ' に《変換する》ような，すなわち，等式

$$\text{各 } s \in G \text{ に対し，} \tau \circ \rho(s) = \rho'(s) \circ \tau,$$

を満たすような線型同型写像 $\tau : V \to V'$ が存在することをいう．ρ 及び ρ' が，行列の形で，それぞれ，R_s 及び R_s' で与えられているとき，これは，

$$\text{各 } s \in G \text{ に対し，} T . R_s = R_s' . T,$$

となるような可逆行列Tの存在することを意味する．これは又，

$$R_s' = T . R_s . T^{-1}$$

とも書かれる．

(各 $x \in V$ に対し，$\tau(x) \in V'$ を対応させることにより)このような二つの表現を，不都合がおこることなく，同一視することが出来る；特に，それらは同次数である．

1.2. 最初の例

a) 群Gの，1次の表現は，準同型写像 $\rho : G \to \mathbf{C}^*$ である，ここで $\mathbf{C}^*$ は，0でない複素数全体のなす乗法群をあらわす．Gの各元は，有限位数であるから，ρ の値 $\rho(s)$ は，1の巾根である；特に，$|\rho(s)|=1$ を得る．

各 $s \in G$ に対し，$\rho(s)=1$ とおくと，Gの一つの表現を得る．これは，**単位表現**と呼ばれる．

b) Gの位数を g とする．Vを，Gの各元 t に対応して番号づけられている基底 $(e_t)_{t \in G}$ をもつような g 次元ベクトル空間とする．$s \in G$ に対し，e_t を，e_{st} に変換する，VからVへの線型写像を ρ_s とする；このようにして，一つの線型表現が得られることは，容易にためすことが出来る．得られた表現を，Gの**正則表現**と呼ぶ．この次数は，Gの位数に等しい．このとき，$e_s=\rho_s(e_1)$ が得られることに注意する；従って，e_1 を変換したもの全体が，Vの基底をなす．

逆に，Wを，Gの次数 g の表現とし，$\rho_s(w), s \in G$, がWの基底となるようなベクトル w があるものとする；このとき，Wは，正則表現に同型である．(同型写像 $\tau : V \to W$ を，$\tau(e_s)=\rho_s(w)$ とおいて，定義する．)

c) さらに一般に，Gは，ある有限集合Xに**作用する**ものと仮定する．これは，各 $s \in G$ に対し，Xの置換 $x \longmapsto sx$ が与えられ，かつ等式

$$s, t \in G, x \in X \quad ならば,\ 1x = x,\ s(tx) = (st)x,$$

が成立することを意味する．Vを，Xの元に対応して番号づけられた基底 $(e_x)_{x \in X}$ をもつベクトル空間とする．$s \in G$ に対し，e_x を，e_{sx} に変換するVからVへの線型写像を，ρ_s とする．このようにして，Gの線型表現を得，これを，Xに対応する**置換表現**と呼ぶ．

1.3. 部分表現

$\rho : G \to \mathbf{GL}(V)$ を線型表現とし，Wを，Vの部分ベクトル空間とする．Wは，Gの作用で**安定**(または《**不変**》或は《**保たれる**》ともいう)とする．換言すれ

ば，$x \in \mathrm{W}$ のとき，各 $s \in \mathrm{G}$ に対し，$\rho_s x \in \mathrm{W}$，なるものとする．このとき，ρ_s の W への制限 $\rho_s{}^{\mathrm{W}}$ は，W からそれ自身の上への同型写像であり，明らかに，$\rho_{st}{}^{\mathrm{W}} = \rho_s{}^{\mathrm{W}} \cdot \rho_t{}^{\mathrm{W}}$，が成立する．従って，写像 $\rho^{\mathrm{W}} : \mathrm{G} \to \mathbf{GL}(\mathrm{W})$ は，G の W に於ける線型表現である；W を，V の**部分表現**と呼ぶ．

例． V として，G の正則表現をとり（n° 1.2 b）参照），W として，元 $x = \sum_{s \in \mathrm{G}} e_s$ で生成される，V の 1 次元部分空間をとる．各 $s \in \mathrm{G}$ に対し，$\rho_s x = x$ が成り立つ．これより，W は，V の部分表現であり，一方，これは単位表現に同型である．（n° 2.4 に於て，正則表現の全ての部分表現を決定する．）

さらに先に進む前に，線型代数に於けるいくつかの概念を思い出そう．V をベクトル空間とし，W, W′ を，V の二つの部分空間とする．V が，W と W′ との直和であるとは，各 $x \in \mathrm{V}$ が，$x = w + w'$，ただし，$w \in \mathrm{W}$，$w' \in \mathrm{W}'$，の形に，しかも一意的に書けることをいう；これは，W 及び W′ の共通部分が 0 となり，かつ，$\dim(\mathrm{V}) = \dim(\mathrm{W}) + \dim(\mathrm{W}')$ となることと同じである．このとき，$\mathrm{V} = \mathrm{W} \oplus \mathrm{W}'$ と書き，W′ は，V に於ける W の補空間であるという．各 $x \in \mathrm{V}$ に対し，その W の成分 w を対応させる写像 p は，分解 $\mathrm{V} = \mathrm{W} \oplus \mathrm{W}'$ に対応する，V から W の上への射影子と呼ばれる；p の像は W であり，$x \in \mathrm{W}$ のとき，$p(x) = x$ である，逆に，p を，この二つの性質を満たす，V からそれ自身への線型写像とすると，V は W と，p の核 W′（$px = 0$ となる x の集合）との直和であることを，すぐに示すことが出来る．このようにして，V から W の上への射影子と，V に於ける W の補空間との間に，一対一の対応がつけられる．

ここで再び，部分表現にもどる：

定理 1. $\rho : \mathrm{G} \to \mathbf{GL}(\mathrm{V})$ を，G の V に於ける線型表現とし，W を，G で安定な V の部分空間とする．このとき，V に於ける W の補空間 W^0 であって，G で安定なもの，が存在する．

W′ を，V に於ける W の補空間の任意の一つとし，p を，対応する V から W の上への射影子とする．p を，G の元により変換したものの平均 p^0 をつくる：

$$p^0=\frac{1}{g}\sum_{t\in G}\rho_t\cdot p\cdot\rho_t^{-1}\qquad (g\text{ は G の位数})$$

p は，V を W にうつし，ρ_t は W を保つから，p^0 は V を W にうつすことがわかる；他方，$x\in W$ ならば，$\rho_t^{-1}x\in W$ を得，これより，

$$p\cdot\rho_t^{-1}x=\rho_t^{-1}x,\qquad \rho_t\cdot p\cdot\rho_t^{-1}x=x,\qquad \text{従って，}\ p^0x=x,$$

である．よって，p^0 は，V から W の上への射影子の一つであり，W のある補空間 W^0 に対応する．さらに，

$$\text{各}\quad s\in G\ \text{に対し，}\ \rho_s\cdot p^0=p^0\cdot\rho_s,$$

を得る．事実，$\rho_s\cdot p^0\cdot\rho_s^{-1}$ を計算すれば，

$$\rho_s\cdot p^0\cdot\rho_s^{-1}=\frac{1}{g}\sum_{t\in G}\rho_s\cdot\rho_t\cdot p\cdot\rho_t^{-1}\cdot\rho_s^{-1}=\frac{1}{g}\sum_{t\in G}\rho_{st}\cdot p\cdot\rho_{st}^{-1}=p^0,$$

がわかる；いま，$x\in W^0$，$s\in G$ とすると，$p^0x=0$ であり，これより，$p^0\cdot\rho_sx=\rho_s\cdot p^0x=0$，すなわち，$\rho_sx\in W^0$ を得る．これは，W^0 が G で安定なことを示し，証明が完成する．

注意． V は，以下にのべる通常の条件を満たす**内積** $(x|y)$ をもつものとする：x に関して線型，y に関して半線型，$(x|y)=\overline{(y|x)}$ かつ $x\neq 0$ ならば $(x|x)>0$．さらに，この内積は，G によって**不変**であると仮定する，すなわち，$(\rho_sx|\rho_sy)=(x|y)$；$(x|y)$ を，$\sum_{t\in G}(\rho_tx|\rho_ty)$ でおきかえて，つねにこの場合に帰着させることが出来る．これらの仮定のもとで，W の，V に於ける直交補空間 W^0 は，G で安定な W の補空間である：このようにして，定理 1 の別の証明を得る．なお，内積 $(x|y)$ の不変性は，(e_i) を V の正規直交基底とすると，この基底に関する ρ_s の行列が，**ユニタリ行列**であることを意味することに注意しておこう．

定理 1 の仮定と記号をそのまま用いる．$x\in V$ とし，w 及び w^0 を，x の W 及び W^0 の成分とする．$x=w+w^0$ が成立し，これより，$\rho_sx=\rho_sw+\rho_sw^0$ である．一方，W 及び W^0 は，G で保たれるから，$\rho_sw\in W$ 及び $\rho_sw^0\in W^0$ である．従って，ρ_sw 及び ρ_sw^0 は，ρ_sx の成分である．これより，表現 W 及び W^0 がわかれば，表現 V もわかることになる．表現 V は，表現 W 及び W^0 の**直和**であるといい，$V=W\oplus W^0$ と書く．V の元は，組 (w,w^0)，(ただし $w\in W$,

$w^0 \in W^0$)と同一視される．表現 W 及び W^0 が行列の形で，R_s 及び R_s^0 により与えられれば，表現 $W \oplus W^0$ は，行列の形で

$$\begin{pmatrix} R_s & 0 \\ 0 & R_s^0 \end{pmatrix}$$

により与えられる．同様に，表現の任意の有限個の直和も定義される．

1.4. 既約表現

ρ:G → **GL**(V)を，G の線型表現とする．V が 0 でなく，V のどの部分ベクトル空間も，G で保たれないとき(もちろん，V と 0 とを除いて)，ρ は**既約**又は**単純**であるという．定理 1 により，この第二の条件は，V は二つの表現の直和でない(自明な分解 $V=0\oplus V$ を除いて)ということと同値である．

任意の 1 次の表現は，明らかに既約である．後に(n° 3.1)，可換でない任意の群は，次数が 2 以上の既約表現をすくなくとも一つはもつことが示される．

既約表現から，直和によって，他の表現が構成されてしまうのである．別のいい方をすれば：

定理 2. 任意の表現は，既約表現の直和である．

V を，G の線型表現とする．dim(V)に関する帰納法により推論する．dim(V)=0 ならば，定理は明らかである．(0 は，既約表現のなす空の族の直和である．) 従って，dim(V)≧1 とする．V が既約ならば，証明すべきことはない．そうでなければ，定理 1 により，V を直和 $V'\oplus V''$ に分解できる，ここで，$\dim(V')<\dim(V)$，$\dim(V'')<\dim(V)$ である．帰納法の仮定により，V′ 及び V″ は，既約表現の直和であり，従って，V もまたそうである．

注意. V を表現とし，$V=W_1\oplus\cdots\oplus W_k$ を，V の，既約表現の直和への分解とする．この分解が一意的かどうかを考えよう．全ての ρ_s が 1 に等しい場合を考えれば，一般には，一意性が成り立たないことがわかる(この場合，W_i は直線であり，一つのベクトル空間を，無数の方法で，直線の直和に分解する

ことが出来る). しかしながら, n° 2.3 に於いて, 与えられた既約表現に同型な W_i の個数は, 選んだ分解によらぬことが示される.

1.5. 二つの表現のテンソル積

直和の演算(これは, 加法の形式的な性質をもつ)とならんで, 一つの《乗法》: **テンソル積**がある. 時にこれは**クロネッカー積**とも呼ばれる. これは, 次のように定義される:

まず, V_1, V_2 を, 二つのベクトル空間とする. V_1 及び V_2 のテンソル積とは, ベクトル空間 W であって, 次の二つの条件 i) ii) を満たす, $V_1 \times V_2$ から W への写像, $(x_1, x_2) \longmapsto x_1 . x_2$ をもつもの, をいう.

i) $x_1 . x_2$ は, 変数 x_1, x_2 の各々に関して線型である.

ii) (e_{i_1})を, V_1 の一つの基底, $(\widetilde{e_{i_2}})$ を, V_2 の一つの基底としたとき, 積 $e_{i_1} . \widetilde{e_{i_2}}$ のなす族は, W の基底である.

かかる空間 W が存在して, ただ一つ(同型を除いて)であることは, 容易にわかる; これを, $V_1 \otimes V_2$ とあらわす. 条件 ii) より,

$$\dim(V_1 \otimes V_2) = \dim(V_1) . \dim(V_2)$$

であることがわかる.

今, $\rho^1 : G \to \mathbf{GL}(V_1)$ 及び $\rho^2 : G \to \mathbf{GL}(V_2)$ を, ある群 G の二つの線型表現とする. $s \in G$ とし, $\mathbf{GL}(V_1 \otimes V_2)$ の元 ρ_s を, 条件

$$x_1 \in V_1,\ x_2 \in V_2 \text{ に対して, } \rho_s(x_1 . x_2) = \rho_s{}^1(x_1) . \rho_s{}^2(x_2)$$

により定義する. [ρ_s の存在及び一意性は, 条件 i) 及び ii) より容易に得られる.] この ρ_s を

$$\rho_s = \rho_s{}^1 \otimes \rho_s{}^2$$

と書く. ρ_s 達は, G の $V_1 \otimes V_2$ に於ける線型表現を定義し, これを, 与えられた表現の**テンソル積**と呼ぶ.

この定義を, 行列を用いていいかえると, 次のようになる: (e_{i_1})を, V_1 の基底とし, $r_{i_1 j_1}(s)$を, この基底に関する $\rho_s{}^1$ の行列とする. 同様に, $(\widetilde{e_{i_2}})$ 及び

$\widetilde{r}_{i_2 j_2}(s)$を定義する．

公式

$$\rho_s^1(e_{j_1}) = \sum_{i_1} r_{i_1 j_1}(s) \cdot e_{i_1}, \qquad \rho_s^2(\widetilde{e}_{j_2}) = \sum_{i_2} \widetilde{r}_{i_2 j_2}(s) \cdot \widetilde{e}_{i_2}$$

より，

$$\rho_s(e_{j_1} \cdot \widetilde{e}_{j_2}) = \sum_{i_1, i_2} r_{i_1 j_1}(s) \cdot \widetilde{r}_{i_2 j_2}(s) e_{i_1} \cdot \widetilde{e}_{i_2},$$

が導かれる．従って，ρ_s の行列は，$(r_{i_1 j_1}(s) \cdot \widetilde{r}_{i_2 j_2}(s))$である．これは，$\rho_s^1$ 及び ρ_s^2 の行列のテンソル積であることがわかる．

二つの既約表現のテンソル積は，一般に既約ではない；従って，既約表現の直和に分解される．このとき成分となる既約表現は，指標の理論を用いて決定することが出来る(n° 2.3 を参照)．

理論化学に於て，テンソル積は，しばしば，次のようなぐあいにあらわれてくる：V_1 及び V_2 を函数のなすある空間であって，G で安定とする．そしてそれぞれの基底を，(φ_{i_1})，(ψ_{i_2})とする．$V_1 \otimes V_2$ は，積 $\varphi_{i_1} \cdot \psi_{i_2}$ で生成されるベクトル空間である．ただし，$\varphi_{i_1} \cdot \psi_{i_2}$ 達は線型独立とする．この独立性の条件が，本質的である．この条件が自動的にみたされる次の二つの特別な場合がある．

1) φ は，いくつかの変数$(x, x', \cdots)$のみに依存し，ψ は，はじめのものと独立な変数$(y, y', \cdots)$にのみ依存する．

2) V_1(又は V_2)はただ一つの函数 φ よりなる基底をもち，この函数は，空間のどんな領域でも恒等的に 0 とはならない；V_1 は，そのとき 1 次元である．

対称積及び交代積

表現 V_1 及び V_2 は，同一の表現 V に等しいものとする．従って，$V_1 \otimes V_2 = V \otimes V$ である．(e_i)を，V の基底とし，θ を

$$\text{任意の組}(i, j)\text{に対し，}\ \theta(e_i \cdot e_j) = e_j \cdot e_i,$$

なる，$V \otimes V$ の自己同型写像とする．これより，$x, y \in V$ ならば，$\theta(x \cdot y) = y \cdot x$，が得られ，$\theta$ は，はじめに選んだ基底(e_i)によらないことがわかる；さらに，$\theta^2 = 1$ である．このとき，空間 $V \otimes V$ は，直和

$$V \otimes V = \mathbf{Sym}^2(V) \oplus \mathbf{Alt}^2(V)$$

に分解する．ここで，$\mathbf{Sym}^2(V)$は，$\theta(z)=z$なる元$z \in V\otimes V$全体の集合であり，$\mathbf{Alt}^2(V)$は，$\theta(z)=-z$なる元z全体の集合である．元$(e_i.e_j+e_j.e_i)_{i\leqslant j}$は，$\mathbf{Sym}^2(V)$の基底をなし，元$(e_i.e_j-e_j.e_i)_{i<j}$は，$\mathbf{Alt}^2(V)$の基底をなす．
$\dim. V=n$ならば，

$$\dim. \mathbf{Sym}^2(V) = \frac{n(n+1)}{2}, \qquad \dim. \mathbf{Alt}^2(V) = \frac{n(n-1)}{2}$$

である．

部分空間$\mathbf{Sym}^2(V)$及び$\mathbf{Alt}^2(V)$は，Gで安定となり，従って，Gの表現を定義する．これらの表現は，それぞれ，与えられた表現の，(二階の)**対称積**，(二階の)**交代積**と呼ばれる．

2. 指 標 の 理 論

2.1. 表現の指標

Vを，n 個の元よりなる基底(e_i)をもつベクトル空間とする．aを，Vの線型変換(Vからそれ自身への線型写像)とし，その行列表示を，(a_{ij})とする．スカラー

$$\mathrm{Tr}(a) = \sum_i a_{ii},$$

を，aの**トレース**と呼ぶ．(または**跡**とも**固有和**ともいう．) これは，aの固有値の和(同じものを重複度だけ数えた)であることが知られている；そして，はじめに選んだ基底(e_i)に依存しない．

さて，ρ:G→**GL**(V)を，有限群Gの，ベクトル空間Vに於ける線型表現とする．各$s \in$ Gに対して，

$$\chi_\rho(s) = \mathrm{Tr}(\rho_s),$$

とおく．このようにして，G上の複素数値函数χ_ρを得る．これを，表現ρの**指標**と呼ぶ；この函数の重要性は，主として，これが考えている表現を特徴づけることにある(n° 2.3を参照).

命題1. χを，n次の表現ρの指標とする．このとき；

i) $\chi(1) = n$,

ii) $s \in$ Gに対し，$\chi(s^{-1}) = \chi(s)^*$,

iii) $s, t \in$ Gに対し，$\chi(tst^{-1}) = \chi(s)$.

($z=x+iy$を複素数とするとき，その共役$x-iy$を，適宜z^*又は，$\bar{z}$により

あらわす.)

$\rho(1)=1$ であり, V が n 次元であるから, $\mathrm{Tr}(1)=n$ である; これよりi)を得る.

ii)を示すために, ρ_s が有限位数であることに注意する; 従って, その固有値 $\lambda_1, \cdots, \lambda_n$ もそうであり, これらの絶対値は, 1に等しい.(このことはまた, ρ_s がユニタリ行列によって定義されるということからも得られる, n° 1.3 を参照).

従って;

$$\chi(s)^* = \mathrm{Tr}(\rho_s)^* = \sum \lambda_i{}^* = \sum \lambda_i{}^{-1} = \mathrm{Tr}(\rho_s{}^{-1}) = \mathrm{Tr}(\rho_{s^{-1}}) = \chi(s^{-1}).$$

公式 iii)は, $u=ts, v=t^{-1}$ とおくと, $\chi(vu)=\chi(uv)$ とも書ける. 従ってこれは, V の任意の線型変換 a, b に対して成り立つよく知られた公式

$$\mathrm{Tr}(ab) = \mathrm{Tr}(ba)$$

より得られる.

注意. 等式 iii), 又は同じことだが, 等式 $f(uv)=f(vu)$, を満たす G 上の函数 f は, **中心的函数**または**類函数**とよばれる. n° 2.5 に於て, 任意の中心的函数は, 指標の一次結合であることがわかる.

命題 2. $\rho^1:\mathrm{G} \to \mathbf{GL}(\mathrm{V}_1)$ 及び $\rho^2:\mathrm{G} \to \mathbf{GL}(\mathrm{V}_2)$ を, G の二つの線型表現とし, その指標を, χ_1, χ_2 とする. このとき;

i) 直和表現 $\mathrm{V}_1 \oplus \mathrm{V}_2$ の指標 χ は, $\chi_1 + \chi_2$ に等しい.

ii) テンソル積表現 $\mathrm{V}_1 \otimes \mathrm{V}_2$ の指標 ψ は, $\chi_1 \cdot \chi_2$ に等しい.

ρ^1 及び ρ^2 を, 行列の形で, $\mathrm{R}_s^1, \mathrm{R}_s^2$ により与えよう. このとき表現 $\mathrm{V}_1 \oplus \mathrm{V}_2$ は,

$$\mathrm{R}_s = \begin{pmatrix} \mathrm{R}_s^1 & 0 \\ 0 & \mathrm{R}_s^2 \end{pmatrix}$$

により与えられる. これより, $\mathrm{Tr}(\mathrm{R}_s)=\mathrm{Tr}(\mathrm{R}_s^1)+\mathrm{Tr}(\mathrm{R}_s^2)$, すなわち, $\chi(s)=\chi_1(s)+\chi_2(s)$ である.

ii)に対しても同様にする; n° 1.5 の記号を用いて, 次式を得る.

$$\chi_1(s) = \sum_{i_1} r_{i_1 i_1}(s), \qquad \chi_2(s) = \sum_{i_2} \widetilde{r}_{i_2 i_2}(s),$$
$$\psi(s) = \sum_{i_1, i_2} r_{i_1 i_1}(s) \cdot \widetilde{r}_{i_2 i_2}(s) = \chi_1(s) \cdot \chi_2(s).$$

命題 3. ρ:G → **GL**(V) を G の線型表現とし，χ を，その指標とする．$\chi_\sigma{}^2$ を，V の対称積 **Sym**^{2}(V)(n° 1.5 を参照)の指標，$\chi_\alpha{}^2$ を，**Alt**^{2}(V) の指標，とする．任意の $s \in$ G に対し，

$$\chi_\sigma{}^2(s) = \frac{1}{2}(\chi(s)^2 + \chi(s^2)),$$

$$\chi_\alpha{}^2(s) = \frac{1}{2}(\chi(s)^2 - \chi(s^2)),$$

かつ，$\chi_\sigma{}^2 + \chi_\alpha{}^2 = \chi^2$ が成り立つ．

$s \in$ G とする．ρ_s の固有ベクトルよりなるような V の基底 (e_i) を選ぶことが出来る；これは，例えば，ρ_s がユニタリ行列によってあらわしうる，ということより得られる，n° 1.3 参照．従ってこのとき，適当な $\lambda_i \in \mathbf{C}$ により，$\rho_s e_i = \lambda_i e_i$ が成り立つ．これより，

$$\chi(s) = \sum \lambda_i, \qquad \chi(s^2) = \sum \lambda_i{}^2.$$

他方，

$$(\rho_s \otimes \rho_s)(e_i \cdot e_j + e_j \cdot e_i) = \lambda_i \lambda_j (e_i \cdot e_j + e_j \cdot e_i),$$

$$(\rho_s \otimes \rho_s)(e_i \cdot e_j - e_j \cdot e_i) = \lambda_i \lambda_j (e_i \cdot e_j - e_j \cdot e_i)$$

を得，これより，

$$\chi_\sigma{}^2(s) = \sum_{i \leqslant j} \lambda_i \lambda_j = \sum \lambda_i{}^2 + \sum_{i<j} \lambda_i \lambda_j = \frac{1}{2}(\sum \lambda_i)^2 + \frac{1}{2}\sum \lambda_i{}^2,$$

$$\chi_\alpha{}^2(s) = \sum_{i<j} \lambda_i \lambda_j = \frac{1}{2}(\sum \lambda_i)^2 - \frac{1}{2}\sum \lambda_i{}^2,$$

である．命題はこれから得られる．

(等式 $\chi_\sigma{}^2 + \chi_\alpha{}^2 = \chi^2$ に注意せよ．これは，V⊗V が **Sym**^{2}(V) 及び **Alt**^{2}(V) の直和であることのいいかえである．)

練 習 問 題

1) χ, χ' を二つの表現の指標とする．次の公式を証明せよ．

$$(\chi + \chi')_\sigma{}^2 = \chi_\sigma{}^2 + \chi'_\sigma{}^2 + \chi\chi',$$

$$(\chi + \chi')_\alpha{}^2 = \chi_\alpha{}^2 + \chi'_\alpha{}^2 + \chi\chi'.$$

2) X を，その上に G が作用する有限集合とする．ρ を対応する置換表現と

し(n° 1.2, 例 c)を参照), χ_X を ρ の指標とする. $s \in G$ とすると, $\chi_X(s)$ は s で固定される X の元の個数であることを示せ.

3) $\rho : G \to \mathbf{GL}(V)$ を, 指標 χ の線型表現とし, V' を, V の**双対空間**, すなわち, V 上の線型形式のなす空間, とする. $x \in V$, $x' \in V'$ の時, 線型形式 x' の, x に於ける値を, $\langle x, x' \rangle$ によりあらわす. 条件,

$$s \in G,\ x \in V,\ x' \in V' \text{ に対し, } \langle \rho_s x, \rho'_s x' \rangle = \langle x, x' \rangle$$

を満たす線型表現 $\rho' : G \to \mathbf{GL}(V')$ がただ一つ存在することを示せ.

これを, ρ の**反傾表現**とよぶ; その指標は, χ^* である.

4) $\rho_1 : G \to \mathbf{GL}(V_1)$ 及び $\rho_2 : G \to \mathbf{GL}(V_2)$ を, 指標 χ_1, χ_2 をもつ二つの線型表現とする. $W = \mathrm{Hom}(V_1, V_2)$ を, 線型写像 $f : V_1 \to V_2$ 全体のなすベクトル空間とする. $s \in G, f \in W$ に対し, $\rho_s f = \rho_{2,s} \circ f \circ \rho_{1,s}{}^{-1}$ とする; $\rho_s f \in W$ が得られる. このようにして, 線型表現 $\rho : G \to \mathbf{GL}(W)$ が定義され, その指標は $\chi_1{}^* \cdot \chi_2$ となることを示せ. この表現は, $\rho_1' \otimes \rho_2$ に同型である. ここで, ρ_1' は, ρ_1 の反傾表現をあらわす(練習問題 3 を参照).

2.2. シューアの補題; 最初の応用

命題 4. (《**シューアの補題**》) $\rho^1 : G \to \mathbf{GL}(V_1)$ 及び $\rho^2 : G \to \mathbf{GL}(V_2)$ を, G の二つの既約表現とする. f を, 各 $s \in G$ に対し, $\rho_s^2 \circ f = f \circ \rho_s^1$ を満たすような V_1 から V_2 への線型写像とする. このとき:

(1) ρ^1 と ρ^2 とが同型でなければ, $f=0$ を得る.

(2) $V_1 = V_2$, $\rho^1 = \rho^2$ ならば, f は**相似写像**(すなわち, 恒等変換 1 のスカラー倍)である.

$f=0$ の場合は, 明らかに成り立つ. 従って, $f \neq 0$ とし, W_1 を, その**核**(すなわち, $fx=0$ となる $x \in V_1$ 全体の集合)とする. $x \in W_1$ ならば, $f\rho_s^1 x = \rho_s^2 f x = 0$ であり, よって, $\rho_s^1 x \in W_1$; W_1 は G で保たれる. V_1 は既約だから, W_1 は, V_1 か又は 0 に等しい; はじめの場合は除かれる(このとき, $f=0$ とな

る)；従って，$W_1=0$ を得る．同様な推論により，f の**像** W_2($x\in V_1$ に対する fx 全体の集合)は，V_2 に等しい．$W_1=0$, $W_2=V_2$ なる性質は，f が，V_1 から V_2 の上への同型写像であることを示す．これにより，主張(1)が証明される．

今，$V_1=V_2$, $\rho^1=\rho^2$ とし，λ を f の固有値とする；スカラーの体が複素数体であるから，固有値はすくなくとも一つは存在する．$f'=f-\lambda$ とおく．λ は f の固有値であるから，f' の核は $\neq 0$ である；一方，$\rho_s{}^2\circ f'=f'\circ\rho_s{}^1$ は，やはり成立する．しかしこの性質は，証明の最初の部分より，$f'=0$ でなければ成り立たない．すなわち，f が λ に等しくなければならない．証明終り．

V_1 及び V_2 が既約であるという仮定はそのままとし，群 G の位数を g によりあらわす．

系 1. h を，V_1 から V_2 への線型写像とし，

$$h^0=\frac{1}{g}\sum_{t\in G}(\rho_t{}^2)^{-1}h\rho_t{}^1,$$

とおく．このとき，

(1)　ρ^1 と ρ^2 とが同型でなければ，$h^0=0$ を得る．

(2)　$V_1=V_2$, $\rho^1=\rho^2$ ならば，h^0 は，相似比が $\frac{1}{n}\mathrm{Tr}(h)$，ただし，$n=\dim(V_1)$ とする，の相似写像である．

$\rho_s{}^2h^0=h^0\rho_s{}^1$ が成り立つ．実際；

$$(\rho_s{}^2)^{-1}h^0\rho_s{}^1=\frac{1}{g}\sum_{t\in G}(\rho_s{}^2)^{-1}(\rho_t{}^2)^{-1}h\rho_t{}^1\rho_s{}^1$$
$$=\frac{1}{g}\sum_{t\in G}(\rho_{ts}{}^2)^{-1}h\rho_{ts}{}^1=h^0.$$

命題 4 を，$f=h^0$ に適用して，(1)の場合 $h^0=0$, (2)の場合 h^0 はスカラー λ に等しい，ことがわかる．さらに後の場合には，

$$\mathrm{Tr}(h^0)=\frac{1}{g}\sum_{t\in G}\mathrm{Tr}((\rho_t{}^1)^{-1}h\rho_t{}^1)=\mathrm{Tr}(h),$$

であり，$\mathrm{Tr}(\lambda)=n\lambda$ であるから，これより，$\lambda=\frac{1}{n}\mathrm{Tr}(h)$ が導かれる．

さて，ρ^1 及び ρ^2 が，行列の形で，

$$\rho_t{}^1=(r_{i_1j_1}(t)),\qquad \rho_t{}^2=(\widetilde{r}_{i_2j_2}(t)),$$

により与えられているとして，系1を具体的に書き下そう．

線型写像 h は，行列 $(x_{i_2i_1})$ で定義され，同様に h^0 は，$(x_{i_2i_1}{}^0)$ で定義されているとする．h^0 の定義そのものより，

$$x_{i_2i_1}{}^0=\frac{1}{g}\sum_{t,j_1,j_2}\widetilde{r_{i_2j_2}}(t^{-1})x_{j_2j_1}r_{j_1i_1}(t),$$

を得る．右辺は，$x_{j_2j_1}$ に関する線型形式である；(1)の場合，この形式は，$x_{j_2j_1}$ 達の任意の値の組に対して，0となる；従って，その係数は0である．これより：

系 2. (1)の場合，任意の，i_1, i_2, j_1, j_2 に対し，

$$\frac{1}{g}\sum_{t\in G}\widetilde{r_{i_2j_2}}(t^{-1})r_{j_1i_1}(t)=0,$$

を得る．

同様に，(2)の場合，$h^0=\lambda$，すなわち，$x_{i_2i_1}{}^0=\lambda\delta_{i_2i_1}$($\delta_{i_2i_1}$ は，クロネッカーの記号，すなわち $i_1=i_2$ ならば1に等しく，そうでなければ0，をあらわす)，ここで，$\lambda=\dfrac{1}{n}\mathrm{Tr}(h)$，すなわち，$\lambda=\dfrac{1}{n}\sum\delta_{j_2j_1}x_{j_2j_1}$，である．これより，次の等式を得る．

$$\frac{1}{g}\sum_{t,j_1,j_2}r_{i_2j_2}(t^{-1})x_{j_2j_1}r_{j_1i_1}(t)=\frac{1}{n}\sum_{j_1,j_2}\delta_{i_2i_1}\delta_{j_2j_1}x_{j_2j_1},$$

$x_{j_2j_1}$ の係数を等しいとおいて，上と同様に，次の系を得る：

系 3. (2)の場合，次式が得られる．

$$\frac{1}{g}\sum_{t\in G}r_{i_2j_2}(t^{-1})r_{j_1i_1}(t)=\frac{1}{n}\delta_{i_2i_1}\delta_{j_2j_1}=\begin{cases}\dfrac{1}{n}, & i_1=i_2, j_1=j_2 \text{ の場合}\\ 0, & \text{それ以外の場合}\end{cases}$$

注意. 1)　φ, ψ を G 上の函数とし，

$$\langle\varphi,\psi\rangle=\frac{1}{g}\sum_{t\in G}\varphi(t^{-1})\psi(t)=\frac{1}{g}\sum_{t\in G}\varphi(t)\psi(t^{-1}),$$

とおく．$\langle\varphi,\psi\rangle=\langle\psi,\varphi\rangle$ を得る．さらに，$\langle\varphi,\psi\rangle$ は，φ 及び ψ に関して線型である．この記号を用いると，系2及び3は，それぞれ，

$$\langle\widetilde{r_{i_2j_2}}, r_{j_1i_1}\rangle=0 \quad 及び \quad \langle r_{i_2j_2}, r_{j_1i_1}\rangle=\frac{1}{n}\delta_{i_2i_1}\delta_{j_2j_1},$$

と書かれる.

2) 考えている行列$(r_{ij}(t))$は，ユニタリであるとする(適当に基底を選ぶことによって，実際そのように出来る，n° 1.3 参照). このとき，$r_{ij}(t^{-1})=r_{ji}(t)^*$を得，系2,3は，次節で定義される内積$(\varphi|\psi)$に関しての，直交関係としてあらわされる.

2.3. 指標の直交関係

記号を導入することからはじめよう. φ, ψを，G上の二つの複素数値函数とするとき，

$$(\varphi|\psi)=\frac{1}{g}\sum_{t\in G}\varphi(t)\psi(t)^*, \qquad g \text{ は G の位数},$$

とおく. これは，一つの内積である：φに関して線型，ψに関して半線型であり，各$\varphi\neq0$に対し，$(\varphi|\varphi)>0$，および$(\varphi|\psi)=(\psi|\varphi)^*$が成り立つ.

$\check{\psi}$を，式$\check{\psi}(t)=\psi(t^{-1})^*$により定義される函数，とすると，

$$(\varphi|\psi)=\frac{1}{g}\sum_{t\in G}\varphi(t)\check{\psi}(t^{-1})=\langle\varphi, \check{\psi}\rangle,$$

を得る，n° 2.2，注意1参照. 特に，χが，Gのある表現の指標であれば，$\check{\chi}=\chi$であり(命題1)，従って，G上の任意の函数φに対して，$(\varphi|\chi)=\langle\varphi, \chi\rangle$である. よって，指標に関することがらの時は，$(\varphi|\chi)$又は$\langle\varphi, \chi\rangle$を，区別せずに用いることが出来る.

定理3. i) χが，Gの既約表現の指標であれば，$(\chi|\chi)=1$である.（換言すれば，χは《長さ1》である.）

ii) χ, χ'が，同型でない二つの既約表現の指標であれば，$(\chi|\chi')=0$である.（換言すれば，χとχ'とは，**直交する**.）

ρを，指標χの既約表現とし，行列の形で，$\rho_t=(r_{ij}(t))$により与えられるとする. $\chi(t)=\sum r_{ii}(t)$であるから，

$$(\chi|\chi)=\langle\chi|\chi\rangle=\sum_{i,j}\langle r_{ii}, r_{jj}\rangle$$

である．しかし，命題4の系3により，$\langle r_{ii}, r_{jj}\rangle = \delta_{ij}/n$，ただし n は ρ の次数，を得る．これより，

$$(\chi|\chi) = (\sum_{i,j}\delta_{ij})/n = n/n = 1,$$

を得る．i, j は，それぞれ n 個の値をとるからである．

ii)は，系3の代りに，系2を適用して，同様に証明される．

注意． 既約表現の指標を，**既約指標**と呼ぶ．定理3は，既約指標が，一つの**正規直交系**をなすことを示す．後に，この結果を，さらに精密にする(n° 2.5, 定理6)．

定理 4. V を，G の線型表現とし，その指標を φ とする．V は次のように既約表現の直和に分解されているものとする：

$$\mathrm{V} = \mathrm{W}_1 \oplus \cdots \oplus \mathrm{W}_k.$$

このとき，W を，指標 χ の既約表現とすると，W_i のうち，W に同型なものの数は，内積 $(\varphi|\chi) = \langle\varphi, \chi\rangle$ に等しい．

χ_i を，W_i の指標とする．命題2により，

$$\varphi = \chi_1 + \cdots + \chi_k,$$

を得る．これより，$(\varphi|\chi) = (\chi_1|\chi) + \cdots + (\chi_k|\chi)$ である．しかし，前定理より，$(\chi_i|\chi)$ は，W_i が W に同型であるか否かにより，それぞれ，1 又は 0 に等しい．これより，求める結果を得る．

系 1. W に同型な W_i の個数は，選んだ分解によらない．

(この数は，《**W が，V にあらわれる回数**》又は，《**W が，V に含まれる回数**》と呼ばれる．)

実際，$(\varphi|\chi)$ は，選んだ分解によらないからである．

注意． 表現の，既約表現への分解が，《一通りである》といい得るのは，この意味に於てである．これについては，n° 2.6 に於て，再び論ずる．

系 2. 指標が同じ二つの表現は，同型である．

実際，かかる二つの表現は，系1より，任意の，与えられた既約表現を，同じ回数だけ含むことがわかるからである．

上の結果により，表現をしらべるには，その指標をしらべればよいことになる．$\chi_1, \cdots, \chi_h$ を，Gの異なる既約指標全体とし[訳注]，対応する表現を，$W_1, \cdots, W_h$ とあらわせば，任意の表現Vは，直和

$$V = m_1 W_1 \oplus \cdots \oplus m_h W_h, \qquad m_i : 整数 \geqslant 0,$$

に同型である．Vの指標 φ は，$m_1\chi_1 + \cdots + m_h\chi_h$ に等しく，$m_i = (\varphi|\chi_i)$ が得られる．［これは，とりわけ二つの既約表現のテンソル積 $W_i \otimes W_j$ に適用され，積 $\chi_i \cdot \chi_j$ が，$\chi_i \cdot \chi_j = \sum m_{ij}{}^k \chi_k$，$m_{ij}{}^k$ は整数 $\geqslant 0$，と分解することを示す．］χ_i 達の間の直交関係から，さらに，

$$(\varphi|\varphi) = \sum_{i=1}^{i=h} m_i{}^2,$$

が導かれる．これより：

定理 5. φ を，表現Vの指標とすると，$(\varphi|\varphi)$ は，正整数である．Vが既約のとき，またそのときに限って，$(\varphi|\varphi)=1$ である．

実際，$\sum m_i{}^2$ が1となるのは，m_i のどれか一つが1に等しく，他は0に等しいときのみ，すなわち，Vが W_i の一つに同型のときのみである．

このようにして，非常に便利な，**既約性の判定条件**が得られる．

練 習 問 題

1) ρ を，指標 χ の線型表現とする．ρ が単位表現を含む回数は，$(\chi|1) = \frac{1}{g}\sum_{s \in G} \chi(s)$ に等しいことを示せ．

2) Xを，その上にGが作用する有限集合とし，ρ を対応する置換表現(n° 1.2)，χ をその指標とする．

a) ある元 $x \in X$ を，Gにより変換したもの全体の集合 Gx を，**軌道**と呼ぶ．c を異なる軌道の数とする．c は，ρ が単位表現1を含む回数に等しいことを示せ．これより，$(\chi|1)=c$ を導け．

訳注　有限群の異なる既約表現の個数は同型を除いて有限である．実際 $\chi_1, \cdots, \chi_h$ が一次独立だから，h はGの位数 g 以下である．

特に，G が**可移**(即ち $c=1$)ならば，ρ は，$1\oplus\theta$ と分解でき，θ は単位表現を含まない．ϕ を，θ の指標とすると，$\chi=1+\phi, (\phi|1)=0$，を得る．

b) G を，X とそれ自身との積，X×X 上に，式 $s(x, y)=(sx, sy)$ によって，作用させる．対応する置換表現の指標は，χ^2 に等しいことを示せ．

c) G は，X 上可移かつ，X はすくなくとも 2 元をもつものとする．任意の，$x, y, x', y' \in X$ で，$x\neq y$，$x'\neq y'$ なるもの，に対し，$x'=sx, y'=sy$ なる $s\in G$ が存在するとき，G は**二重可移**であるという．次の性質は，同値であることを証明せよ：

i) G は二重可移である．

ii) G の，X×X 上の作用は，二つの軌道，対角集合とその補集合，をもつ．

iii) $(\chi^2|1)=2$.

iv) a)に於て定義された表現 θ は，既約である．

[同値性 i)⇔ii) はすぐわかる；ii)⇔iii) は，a)及び b)より得られる．ϕ を，θ の指標とすると，$1+\phi=\chi$，$(1|1)=1$，$(\phi|1)=0$ が得られ，これは iii) が，$(\phi^2|1)=1$，すなわち，$\dfrac{1}{g}\sum_{s\in G}\phi(s)^2=1$ に同値であること，を示す；ϕ は実数値であるから，これは，まさに，θ が既約であることを意味する，定理 5 参照.]

2.4. 正則表現の分解

記号: §2 の終り迄，G の異なる既約指標全体を，$\chi_1, \cdots, \chi_h$ であらわし，その次数を，$n_1, \cdots, n_h$ とする；$n_i=\chi_i(1)$ である，命題 1 参照．

R を，G の正則表現とする．これは，基底 $(e_t)_{t\in G}$ をもち，$\rho_s e_t=e_{st}$ となるものであった(n° 1.2 参照). $s\neq 1$ ならば，各 t に対し，$st\neq t$ であり，これより，ρ_s の行列の対角成分は，全て 0 であることがわかる；特に，$\mathrm{Tr}(\rho_s)=0$ を得る．他方，$s=1$ に対しては，

$$\mathrm{Tr}(\rho_s) = \mathrm{Tr}(1) = \dim(R) = g$$

を得る．これより：

命題 5. 正則表現の指標 r_G は，次式で与えられる：

$$r_G(1)=g \qquad (=\mathrm{G}\text{ の位数});$$

$$s\neq 1 \quad \text{ならば}, \quad r_G(s)=0.$$

系 1. 各既約表現 W_i は，正則表現の中に，その次数 n_i に等しい回数だけ含まれる．

定理 4 より，この回数は，$\langle r_G, \chi_i\rangle$ に等しい：一方，次式が得られる．

$$\langle r_G, \chi_i\rangle=\frac{1}{g}\sum_{s\in G} r_G(s^{-1})\chi_i(s)=\frac{1}{g}\cdot g\chi_i(1)=\chi_i(1)=n_i .$$

系 2. a) 次数 n_i は，関係式 $\sum_{i=1}^{i=h} n_i^2=g$ を満足する．

b) $s\in G$ が 1 と異なるとき，$\sum_{i=1}^{i=h} n_i\chi_i(s)=0$ が成り立つ．

系 1 により，各 $s\in G$ に対し，$r_G(s)=\sum n_i\chi_i(s)$ を得る．$s=1$ とすると，a)を得，$s\neq 1$ とすると，b)を得る．

注意. 1) 上の結果は，与えられた群 G の，既約表現を全部探すときに，用いることが出来る：互に同型でない既約表現を，いくつか構成したとし，その次数を，$n_1, \cdots, n_k$ とする；これらが，G の全ての既約表現である(同型を除いて)ためには，$n_1^2+\cdots+n_k^2=g$ となることが，必要十分条件である．

2) 後に，(第 II 部，n° 6.5)次数 n_i のもう一つの性質がわかる：これらの n_i は，実はどれも G の位数 g の約数である．

練 習 問 題

各 $s\neq 1$ に対し 0 となるような G の指標は，正則表現の指標 r_G の整数倍であることを示せ．

2.5. 既約表現の数

G 上の函数 f が，中心的とは，任意の，$s, t\in G$ に対し，$f(tst^{-1})=f(s)$ が成り立つことをいうのであった(n° 2.1 参照)．

命題 6. f を，G 上の中心的函数とし，$\rho:G \to \mathbf{GL}(V)$ を，G の線型表現とする．ρ_f を，次式で定義される V の線型変換とする：

$$\rho_f = \sum_{t \in G} f(t)\rho_t .$$

V が n 次で既約，かつその指標を χ とすると，ρ_f は，次式で与えられる λ を相似比とする，相似写像である．

$$\lambda = \frac{1}{n}\sum_{t \in G} f(t)\chi(t) = \frac{g}{n}(f|\chi^*) .$$

この命題を証明するために，$\rho_s^{-1}\rho_f\rho_s$ を計算しよう．

$$\rho_s^{-1}\rho_f\rho_s = \sum_{t \in G} f(t)\rho_s^{-1}\rho_t\rho_s = \sum_{t \in G} f(t)\rho_{s^{-1}ts} .$$

$u=s^{-1}ts$ とおくと，これは，

$$\rho_s^{-1}\rho_f\rho_s = \sum_{u \in G} f(sus^{-1})\rho_u = \sum_{u \in G} f(u)\rho_u = \rho_f ,$$

と書ける．従って，$\rho_f\rho_s = \rho_s\rho_f$ である．命題 4 の (2) の部分により，これより ρ_f は，相似写像 $\lambda.1$ である．$\lambda.1$ のトレースは $n\lambda$; ρ_f のトレースは，$\sum_{t \in G} f(t)\mathrm{Tr}(\rho_t) = \sum_{t \in G} f(t)\chi(t)$ である．これより，$\lambda = \frac{1}{n}\sum_{t \in G} f(t)\chi(t) = \frac{g}{n}(f|\chi^*)$ を得る．

ここで，G 上の中心的函数全体のなすベクトル空間 H を導入しよう；既約指標 $\chi_1, \cdots, \chi_h$ は，H に属する．

定理 6. 指標 $\chi_1, \cdots, \chi_h$ は，H の正規直交基底をなす．

定理 3 は，χ_i 達が H 中の正規直交系をなすことを示しているから，それらが H を生成することを証明することだけが残っている．そして，そのためには，χ_i^* の全部と直交する H の元は，0 であることを示せば十分である．さて，f をかかる元とする．G の各表現 ρ に対し，$\rho_f = \sum_{t \in G} f(t)\rho_t$ とおく．f は各 χ_i^* と直交するから，上の命題 6 より，ρ が既約ならば，ρ_f は 0 である；これより，直和分解を用いて，ρ_f はつねに 0 であることがわかる．これを，正則表現 R(n° 2.4 参照) に適用し，基底のベクトル e_1 の，ρ_f による変換を計算しよう．

$$\rho_f e_1 = \sum_{t \in G} f(t)\rho_t e_1 = \sum_{t \in G} f(t)e_t ,$$

を得る．ρ_f は 0 だから，$\rho_f e_1 = 0$ を得，上の式は，各 $t \in G$ に対し，$f(t)=0$ であることを示す．これより $f=0$ が得られ，証明が完成する．

他方，Gの二元t, t'は，$t'=sts^{-1}$となる$s\in G$が存在するとき，**共役**といわれるのであった；これは，G上の同値関係であり，Gは**類**(詳しくは**共役類**)に分かれる．

定理 7. Gの既約表現の個数(同型を除いて)は，Gの類の個数に等しい．

$C_1, \cdots, C_k$を，Gの異なる類の全体とする．G上の函数fが中心的であるとは，それが，$C_1, \cdots, C_k$の各々の上で定数であるということと同値である；従って，中心的函数は，各C_i上の値λ_iで決定され，λ_iは任意に選ぶことが出来る．これより，中心的函数の空間Hの次元は，kに等しいことがわかる．他方，定理6より，この次元は，Gの既約表現の個数(同型を除いて)に等しい．これより求める結果が得られる．

次は，定理6から得られる，別の結果である．

命題 7. $s\in G$とし，$c(s)$を，sの属する共役類の元の個数とする．

a) $\sum_{i=1}^{i=h}\chi_i(s)^*\chi_i(s)=g/c(s)$ が成り立つ．

b) $t\in G$が，sと共役でないとき，$\sum_{i=1}^{i=h}\chi_i(s)^*\chi_i(t)=0$ が成り立つ．($s=1$とすると，命題5系2を，再び得る．)

f_sを，sの類上で1に等しく，他では0に等しい函数とする．これは中心的函数だから，定理6より，次のようにあらわされる：

$$f_s=\sum_{i=1}^{i=h}\lambda_i\chi_i,\qquad \text{ここで，}\ \lambda_i=(f_s|\chi_i)=\frac{c(s)}{g}\chi_i(s)^*$$

従って，各$t\in G$に対し，

$$f_s(t)=\frac{c(s)}{g}\sum_{i=1}^{i=h}\chi_i(s)^*\chi_i(t)$$

が成り立つ．$t=s$とするとこれより，a)が得られる；tがsと共役でなければ，b)が得られる．

例. Gとして，3元の置換全体の群をとる．$g=6$であり，次の三つの類がある；元1，三つの互換，二つの巡回置換．いまtを互換，cを巡回置換とする；$t^2=1$，$c^3=1$，$tc=c^2t$が成り立つ；これより，次の二つの1次の既約指標が得られる：単位指標 χ_1 及び，置換の符号を与える指標 χ_2．さて定理７より，他の既約指標 θ があることがわかる；n をその次数とすると，$1+1+n^2=6$ が成り立たねばならない，これより $n=2$．θ の値は，$\chi_1+\chi_2+2\theta$ が，G の正則表現の指標である（命題５参照）ことから導くことが出来る．従って，G の**指標表**が得られる：

	1	t	c
χ_1	1	1	1
χ_2	1	−1	1
θ	2	0	−1

群 G を，座標の置換により，空間 $\mathbf{C}^3$ 中の，方程式 $x+y+z=0$ で定まる部分ベクトル空間に作用させることによって，指標 θ をもつ既約表現が得られる（n° 2.3，練習問題 2, c）を参照）．

2.6. 表現の標準分解

ρ:G → **GL**(V) を，G の線型表現とする．V の一つの直和分解を定義しよう．これは，既約表現への分解ほど《精密》ではないが，一意的であるという長所をもっている．この分解は次のようにして得られる：

まず，$\chi_1, \cdots, \chi_h$ を，G の異なる既約表現全体 $W_1, \cdots, W_h$ の指標とし，$n_1, \cdots, n_h$ をその次数とする．他方，$V=U_1\oplus\cdots\oplus U_m$ を，V の，既約表現の直和への分解とする．$i=1, \cdots, h$ に対し，$U_1, \cdots, U_m$ のうち W_i に同型なものの直和を V_i によりあらわす．すると

$$V = V_1\oplus\cdots\oplus V_h$$

が成り立つのは明らかである．（換言すれば，V を既約表現の直和に分解し，同型な表現を，再びまとめるのである．）

これが，我々の目標とする**標準分解**であって，次の性質をもつ．

定理 8. i）分解 $V=V_1\oplus\cdots\oplus V_h$ は，はじめに選んだ，既約表現への分解によらない．

ii) この分解に対応する，VからV$_i$の上への射影子p_iは，次式で与えられる：

$$p_i = \frac{n_i}{g}\sum_{t\in G}\chi_i(t)^*\rho_t .$$

ii)を証明しよう．主張i)は，それから得られる；射影子p_iは，V$_i$を決定するからである．

$$q_i = \frac{n_i}{g}\sum_{t\in G}\chi_i(t)^*\rho_t,$$

とおく．命題6により，q_iを，既約表現W(その指標をχ，次数をnとする)へ制限すると，相似比が$\frac{n_i}{n}(\chi_i|\chi)$の相似写像となる；従って$\chi\neq\chi_i$ならば0，$\chi=\chi_i$ならば1である．

換言すれば，q_iは，W$_i$に同型な既約表現の上では恒等写像であり，他では0である．V$_i$の定義によれば，これより，q_iは，V$_i$上では恒等写像であり，V$_j$，$j\neq i$，の上では0である．いま元$x\in$Vを，その成分$x_i\in$V$_i$に分解して

$$x = x_1+\cdots+x_h,$$

とすれば，$q_i(x)=q_i(x_1)+\cdots+q_i(x_h)=x_i$．これは，$q_i$がVからV$_i$上への射影子に等しいことを意味する．証明終り．

このようなわけで，表現Vの分解は，二段階に行なわれる：まず，標準分解$V=V_1\oplus\cdots\oplus V_h$をきめる．これは，射影子$p_i$を与える式により，困難なしになされる．それから，必要ならば，V$_i$を，全てW$_i$に同型なものからなる既約表現の直和に分解する：

$$V_i = W_i\oplus\cdots\oplus W_i.$$

この，後者の分解は，一般に，無限個の異なるやり方ですることが出来る(n° 2.7及び下の練習問題参照)；これは，ちょうどあるベクトル空間の，基底の選び方の無限通りの任意性と同じことになってしまうのである．

例． Gとして，二元$\{1,s\}$，ただし$s^2=1$，より成る群をとろう：この群は，$\rho_s=+1$及び$\rho_s=-1$に対応して，二つの1次の既約表現W^+及びW^-をもつ．従って，Vの標準分解は，$V=V^+\oplus V^-$と書かれる，ここでV^+及びV^-は，そ

れぞれ，対称及び反対称である元，すなわち $\rho_s x=x$ 及び $\rho_s x=-x$ をみたすような元 $x\in$ V よりなる．対応する射影子は，

$$p^+x=\frac{1}{2}(x+\rho_s x),\qquad p^-x=\frac{1}{2}(x-\rho_s x),$$

で与えられる．V^+ 及び V^- を，既約成分に分解することは，単に，これらの空間を，直線(1 次元部分空間)の直和に分解することを意味する．

練 習 問 題

H_i を，各 $s\in G$ に対し，$\rho_s h=h\rho_s{}^{(i)}$ となるような線型写像 $h:W_i\to V$ 全体のなすベクトル空間とする．(ただし $\rho_s{}^{(i)}$ は G の W_i 上の表現.) 各 $h\in H_i$ は，W_i を，V_i 中にうつす．

a) H_i の次元は，W_i が V にあらわれる回数，すなわち，$\dim. V_i/\dim. W_i$ に等しいことを示せ．($V=W_i$ の場合に帰着させて，シューアの補題を用いよ.)

b) G の H_i 上の自明な表現(すなわち $s\in G$ は H_i 上に恒等変換として作用する)及び W_i 上に与えられた表現のテンソル積をつくることにより，G を，$H_i\otimes W_i$ 上に作用させる．式

$$F(\sum h_\alpha . w_\alpha)=\sum h_\alpha(w_\alpha)$$

により定義される写像 $F:H_i\otimes W_i\to V_i$ は，$H_i\otimes W_i$ から，V_i の上への同型写像であることを示せ．(同じ方法.)

c) $(h_1,\cdots,h_k)$ を，H_i の基底とし，W_i の k 個の直和 $W_i\oplus\cdots\oplus W_i$ をつくる．系 $(h_1,\cdots,h_k)$ より明らかな方法で，$W_i\oplus\cdots\oplus W_i$ から V_i の中への線型写像 h が定義される；すなわち $h(x_1,x_2,\cdots,x_k)=h_1(x_1)+\cdots+h_k(x_k)$ とおくのである．これが，表現の同型写像であること，及び任意の同型写像は，このようにして得られること，を示せ．(b)を用いるか，又は，直接に論ぜよ.) 特に，V_i を，W_i に同型な表現の直和に分解することは，H_i の基底を選ぶことと同じになる．

2.7. 表現の具体的な分解

前節の記号を，そのまま用いる．

$$V = V_1 \oplus \cdots \oplus V_h$$

を，与えられた表現 V の標準分解とする．我々は，第 i 成分 V_i を，対応する射影子 p_i によって決定する方法をみてきた(定理 8)．さてここでは，V_i の，既約表現 W_i に同型な部分表現達の直和への分解を，具体的に与える方法をのべよう．

表現 W_i を，W_i の基底$(e_1, \cdots, e_n)$に関して，行列の形で，$(r_{\alpha\beta}(s))$により与えよう；$\chi_i(s)=\sum_\alpha r_{\alpha\alpha}(s)$，$n=n_i=\dim.W_i$ である．1 より n までの間の，任意の整数の組 α, β に対して，次式で定義される，V から V への線型写像を，$p_{\alpha\beta}$ であらわす：

$$(*) \qquad p_{\alpha\beta} = \frac{n}{g} \sum_{t \in G} r_{\beta\alpha}(t^{-1})\rho_t\,.$$

命題 8. a)　写像 $p_{\alpha\alpha}$ は，$j \neq i$ に対する V_j 上で 0 となるような射影子である．その像 $V_{i,\alpha}$ は，V_i に含まれ，V_i は，$1 \leqslant \alpha \leqslant n$ に対する $V_{i,\alpha}$ の直和である．$p_i = \sum_\alpha p_{\alpha\alpha}$ が得られる．

b)　線型写像 $p_{\alpha\beta}$ は，$j \neq i$ に対する V_j 上，ならびに，$\gamma \neq \beta$ に対する $V_{i,\gamma}$ 上で 0 である；これは，$V_{i,\beta}$ から，$V_{i,\alpha}$ の上への同型写像を定義する．

c)　x_1 を，$V_{i,1}$ の，0 でない元とし，$x_\alpha = p_{\alpha 1}(x_1) \in V_{i,\alpha}$ とする．(x_α) 達は線型独立で，G で安定な n 次元部分ベクトル空間 $W(x_1)$ を生成する．各 $s \in G$ に対し，

$$\rho_s(x_\alpha) = \sum_\beta r_{\beta\alpha}(s) x_\beta$$

が成り立つ．(特に，$W(x_1)$ は，W_i に同型である．)

d)　$(x_1{}^{(1)}, \cdots, x_1{}^{(m)})$ を，$V_{i,1}$ の基底とすると，表現 V_i は，c)に於て定義された，部分表現 $W(x_1{}^{(1)}), \cdots, W(x_1{}^{(m)})$ の直和である．(かくして，$V_{i,1}$ の基底を選ぶことにより，V_i の，W_i に同型な表現の直和への分解がうまく与えられるのである．)

証明. まず上述の公式(*)により，Gのどんな表現に於ても，$p_{\alpha\beta}$ が定義され，特に，既約表現 W_j に於ても定義されることに注意しよう．W_i に於て，

$$p_{\alpha\beta}(e_\gamma)=\frac{n}{g}\sum_{t\in G} r_{\beta\alpha}(t^{-1})\rho_t(e_\gamma)=\frac{n}{g}\sum_{\delta}\sum_{t\in G} r_{\beta\alpha}(t^{-1})r_{\delta\gamma}(t)e_\delta ,$$

を得る．従って，命題4の系3より，

$$p_{\alpha\beta}(e_\gamma)=\begin{cases} e_\alpha & \gamma=\beta \text{ の場合} \\ 0 & \text{それ以外,} \end{cases}$$

を得る．これより，$\sum_\alpha p_{\alpha\alpha}$ は，W_i 上で恒等写像であること，及び次の式が導かれる：

$$p_{\alpha\beta}\circ p_{\gamma\delta}=\begin{cases} p_{\alpha\delta} & \beta=\gamma \text{ の場合} \\ 0 & \text{それ以外,} \end{cases}$$

及び，

$$\rho_s\circ p_{\alpha\gamma}=\sum_\beta r_{\beta\alpha}(s)p_{\beta\gamma} .$$

W_j, $j\neq i$, に於ては，命題4系2を用いて，同様の推論により，全ての $p_{\alpha\beta}$ が $\underline{0}$ であることが示される．

以上の準備をしておいて，Vを W_j に同型な部分表現の直和に分解し，上にのべたことを，これらの表現の各々に適用する．a)及びb)の主張は，これから得られる；さらに，上の公式は，Vに於ても成り立つ．従ってc)の仮定のもとで

$$\rho_s(x_\alpha)=\rho_s\circ p_{\alpha 1}(x_1)=\sum_\beta r_{\beta\alpha}(s)p_{\beta 1}(x_1)=\sum_\beta r_{\beta\alpha}(s)x_\beta ,$$

を得る．これによって，c)が確立される．最後にd)は，a),b),c)より得られる．

練習問題

1) H_i を，$h\circ\rho_s^{(i)}=\rho_s\circ h$ なる線型写像 $h: W_i\to V$ 全体のなす空間とする，n°2.6 練習問題参照．写像 $h\longmapsto h(e_\alpha)$ は，H_i から，$V_{i,\alpha}$ の上への同型写像である．

2) $x\in V_i$ とし，$V(x)$ を，Vの x を含む最小の部分表現とする．$x_1{}^\alpha$ を，$p_{1\alpha}$ による x の像とする；$V(x)$ は，表現 $W(x_1{}^\alpha)$, $\alpha=1,\cdots,n$, の和であることを示せ．これより，$V(x)$ が，高々 n 個の，W_i に同型な表現の直和であることを導け．

3. 部分群，積，誘導表現

以下で考える全ての群は有限とする．

3.1. 可換部分群

Gを，一つの群とする．Gが**可換**(又は**アーベル的**)であるとは，任意のt, $s \in G$に対し，$st=ts$であることをいう．これは，Gの各共役類が一元になる，又はG上の任意の函数は中心的である，ということと同じである．このような群の線型表現は，特に簡単である：

定理 9. 次の性質は，同値である：

i) Gは可換である．

ii) Gの，全ての既約表現は1次である．

gを，Gの位数とし，$(n_1, \cdots, n_h)$を，Gの異なる既約表現の次数とする；hは，Gの類の個数に等しいこと，及び$g=n_1{}^2+\cdots+n_h{}^2$がわかっている，§2参照．これより，gがhに等しい必要十分条件は，全てのn_iが1に等しいこと，である．これにより，定理が証明された．

系. Aを，Gの可換部分群とし，aをその位数，gをGの位数とする．Gの，各既約表現の次数は，g/a以下である．(商g/aは，AのGに於ける指数である．)

ρ:G→**GL**(V)を,Gの既約表現とする．部分群Aへの制限により，ρはAの表現ρ_A:A→**GL**(V)を定義する．W⊂Vを，ρ_Aの一つの既約部分表現とする；定理9により，dim(W)=1を得る．sがGをうごくとき，Wを変換したρ_sW

全体で生成された，V の部分ベクトル空間を V′ とする．V′ が G で保たれることは明らかである；ρ は既約だから，従って，V′=V を得る．一方，$s\in$ G，$t\in$ A ならば，

$$\rho_{st}W=\rho_s\rho_t W=\rho_s W$$

を得る．これより，異なる ρ_sW の数は，高々 g/a に等しいことが導かれ，従って，求める不等式 $\dim(V)\leqslant g/a$ を得る．V は，ρ_sW の和だからである．

例．二面体群は，指数 2 の巡回部分群を含む．従って，その既約表現は，1 次又は 2 次である；我々は，後に，それを決定する(n° 5.3)．

練習問題

1)　シューアの補題を用いて，直接に，可換群(有限でも無限でも)の任意の既約表現は，1 次であることを証明せよ．

2)　ρ を，G の既約表現，その次数を n，指標を χ とする．C を G の**中心**(すなわち，各 $t\in$ G に対し，$st=ts$ となる，$s\in$ G 全体の集合)とし，c を C の位数とする．

a)　ρ_s は，各 $s\in$ C に対し，相似写像であることを示せ(シューアの補題を用いよ)．これより，各 $s\in$ C に対し，$|\chi(s)|=n$ を導け．

b)　不等式 $n^2\leqslant g/c$ を証明せよ(公式 $\sum_{s\in G}|\chi(s)|^2=g$ を，a)とあわせて用いよ．)．

c)　ρ が**忠実**(すなわち，$s\neq 1$ ならば，$\rho_s\neq 1$)ならば，群 C は，巡回群であることを示せ．

3)　G を，位数 g の可換群とし，$\hat{G}$ を，G の既約指標全体の集合とする．χ_1，χ_2 が $\hat{G}$ に属すれば，積 $\chi_1\chi_2$ も同様である．このようにして，$\hat{G}$ 上に，位数 g の，可換群の構造が定義されることを示せ；群 $\hat{G}$ は，群 G の**双対**とよばれる．$x\in$ G とすると，写像 $\chi\longmapsto\chi(x)$ は，$\hat{G}$ の既約指標であり，従って，$\hat{G}$ の双対 $\hat{\hat{G}}$ の一つの元である．このようにして，$\hat{\hat{G}}$ から G の中への準同型写像を得ること，及びこの準同型写像は，一対一であることを示せ；これより(二つの群の位数をくらべて)この準同型写像は，同型写像であることを導け．

3.2. 二つの群の積

G_1 及び G_2 を，二つの群とし，$G_1 \times G_2$ を，その**積集合**，すなわち，組 (s_1, s_2)，ただし $s_1 \in G_1$，$s_2 \in G_2$ とする，全体の集合，とする．

$$(s_1, s_2).(t_1, t_2) = (s_1 t_1, s_2 t_2),$$

とおけば，$G_1 \times G_2$ 上に，群の構造が定義される；この構造を入れた群 $G_1 \times G_2$ は，G_1 及び G_2 の**直積群**とよばれる．G_1 の位数を g_1，G_2 の位数を g_2 とすると，$G_1 \times G_2$ の位数は $g = g_1 g_2$ である．群 G_1 は，$G_1 \times G_2$ の，s_1 が G_1 をうごくときの，元 $(s_1, 1)$ 全体のなす部分群と同一視することが出来，同様に，G_2 も，$G_1 \times G_2$ の部分群と同一視することが出来る．この同一視を行なったとき，G_1 の各元は，G_2 の各元と交換可能である．

逆に，G を，G_1, G_2 を部分群として含むような一つの群として，次の二つの条件が満たされているものとする：

i) 各 $s \in G$ は，一意的に，$s = s_1 s_2$，ただし $s_1 \in G_1$，$s_2 \in G_2$，の形に書ける．

ii) $s_1 \in G_1$，$s_2 \in G_2$ ならば，$s_1 s_2 = s_2 s_1$ が成り立つ．

このとき，二元 $s = s_1 s_2$，$t = t_1 t_2$ の積は，

$$st = s_1 s_2 t_1 t_2 = (s_1 t_1)(s_2 t_2)$$

と書かれる．これより，$(s_1, s_2) \in G_1 \times G_2$ に，G の元 $s_1 s_2$ を対応させれば，$G_1 \times G_2$ から G の上への同型写像を得ることがわかる．この場合もまた，G は，部分群 G_1 及び G_2 の**積**(又は**直積**)であるといい，G を，$G_1 \times G_2$ と同一視する．

今，$\rho^1 : G_1 \to \mathbf{GL}(V_1)$ 及び $\rho^2 : G_2 \to \mathbf{GL}(V_2)$ を，それぞれ G_1 及び G_2 の線型表現とする．$G_1 \times G_2$ の，$V_1 \otimes V_2$ に於ける線型表現 $\rho^1 \otimes \rho^2$ を，n° 1.5 に於けると類似のやり方によって定義する：

$$(\rho^1 \otimes \rho^2)(s_1, s_2) = \rho^1(s_1) \otimes \rho^2(s_2)$$

とおく．この表現もやはり，表現 ρ^1 及び ρ^2 の**テンソル積**と呼ばれる；χ_i を，ρ^i の指標 $(i=1, 2)$ とすると，$\rho^1 \otimes \rho^2$ の指標 χ は，次式で与えられる：

$$\chi(s_1, s_2) = \chi_1(s_1) . \chi_2(s_2).$$

G_1 及び G_2 が，同一の群 G に等しい時，上に定義した表現 $\rho^1\otimes\rho^2$ は，G×G の表現である．これを，G×G の**対角部分群**(s が，G をうごいたときの (s,s) よりなる)に制限すると，n° 1.5 に於て，$\rho^1\otimes\rho^2$ とあらわした G の表現を得る；記号が同じであるにもかかわらず，これら二つの表現を，はっきり区別することが大切である．

定理 10. i) ρ^1 及び ρ^2 が既約ならば，$\rho^1\otimes\rho^2$ は，$G_1\times G_2$ の既約表現である．

ii) $G_1\times G_2$ の任意の既約表現は，ある表現 $\rho^1\otimes\rho^2$ に同型である；ここで ρ^i は，G_i の既約表現である $(i=1,2)$.

ρ^1 及び ρ^2 は既約であるから，次式を得る (n° 2.3 参照):

$$\frac{1}{g_1}\sum_{s_1}|\chi_1(s_1)|^2=1,\qquad \frac{1}{g_2}\sum_{s_2}|\chi_2(s_2)|^2=1\,.$$

積をつくると，これより，

$$\frac{1}{g}\sum_{s_1,s_2}|\chi(s_1,s_2)|^2=1\,,$$

を得る．これは確かに，$\rho^1\otimes\rho^2$ が既約であることを示す(定理 5). ii)を証明するためには，$G_1\times G_2$ 上の中心的函数 f で，$\chi_1(s_1)\chi_2(s_2)$ の形の指標と直交するものは，0 であることを示せば十分である．従って，

$$\sum_{s_1,s_2}f(s_1,s_2)\chi_1(s_1)^*\chi_2(s_2)^*=0\,,$$

が成り立つと仮定しよう．χ_2 を固定し，$g(s_1)=\sum_{s_2}f(s_1,s_2)\chi_2(s_2)^*$ とおく．

$$\text{任意の } \chi_1 \text{ に対して，} \sum_{s_1}g(s_1)\chi_1(s_1)^*=0\,,$$

を得る．g は中心的函数であるからこれより，$g=0$ を得，かつこれが任意の χ_2 に対して成り立つから，同様の推論により，$f(s_1,s_2)=0$ が導かれる．証明終り．

[表現 $\rho^1\otimes\rho^2$ の次数の平方の総和を計算し，それに n° 2.4 を適用して，ii)を証明することも出来る．]

上の定理により，$G_1\times G_2$ の表現の研究は，G_1 及び G_2 の表現の研究に，完全に帰着される[訳注].

訳注　定理 10 に於て，更にこのような 2 つの既約表現 $\rho^1\otimes\rho^2$ と $\tilde{\rho}^1\otimes\tilde{\rho}^2$ とが同値となるのは ρ^i と $\tilde{\rho}^i$ とが同値 $(i=1,2)$ となる場合に限ることがいえるからである．

3.3. 誘導表現

部分群を法とする左剰余類

定義を思い出そう：Hを，ある群Gの一つの部分群とする．$s \in G$の時，積st（ここで$t \in H$とする）全体の集合を，sHであらわす；sHを，sを含む**Hを法とする左剰余類**と呼ぶ．Gの二元s, s'は，同じ左剰余類に属するとき，すなわち，$s^{-1}s'$がHに属するとき，**Hを法として合同**であるという；このとき，$s' \equiv s$ (mod. H)と書く．Hを法とする左剰余類全体の集合を，G/Hであらわす；これは，Gの**分割**[訳注]である．Gがg個の元をもち，Hがh個の元をもてば，G/Hはg/h個の元をもつ；整数g/hは，HのGに於ける**指数**と呼ばれる量であり，(G:H)とあらわされる．

Hを法とする各左剰余類から，それぞれ一つの元をえらぶと，Gの部分集合Rが得られる．これは，G/Hの**代表系**と呼ばれる；各$s \in G$は，$s = rt$（ただし$r \in R$, $t \in H$とする）の形に一意的に書かれる．

誘導表現の定義

$\rho: G \to \mathbf{GL}(V)$を，Gの線型表現とし，$\rho_H$を，そのHへの制限とする．Wを，$\rho_H$の一つの部分表現，いいかえれば，全ての$\rho_t$ ($t \in H$)で保たれるような，Vの一つの部分ベクトル空間とする；このようにして定義される，HのWに於ける線型表現を，$\theta: H \to \mathbf{GL}(W)$と書く．いま$s \in G$としよう；ベクトル空間$\rho_s W$は，$s$を含む左剰余類$sH$にのみ依存する；事実，$t \in H$として，$s$を$st$でおきかえると，$\rho_{st} W = \rho_s \rho_t W = \rho_s W$を得る（$\rho_t W = W$だから）．従って，$\sigma$を，Hを法とする左剰余類とするとき，Vの部分空間$W_\sigma$を，任意の$s \in \sigma$に対する$\rho_s W$として定義することができる．$W_\sigma$達は，$\rho_s$ ($s \in G$)により，それらの間で互に置換されることは明らかである．それらの和$\sum_{\sigma \in G/H} W_\sigma$は，従って，Vの一つの部分表現である．

訳注　一般に集合Xの部分集合X_λからなる族$\{X_\lambda | \lambda \in \Lambda\}$がXの分割であるとは，Xが$\{X_\lambda\}$の和集合で，かつどの二つの$X_\lambda, X_\mu$ ($\lambda \neq \mu$)も交わらないことをいう．

定義. Gの，Vに於ける表現ρが，HのWに於ける表現θより**誘導される**とは，Vが$W_\sigma(\sigma\in G/H)$の和に等しく，かつこの和が直和であること(換言すれば，$V=\bigoplus_{\sigma\in G/H} W_\sigma$なること)をいう.

この条件は，いくつか別の形でいいかえることが出来る:

i)　各$x\in V$は，一意的に$\sum_{\sigma\in G/H} x_\sigma$,(ただし各$\sigma$に対し，$x_\sigma\in W_\sigma$とする)と書かれる.

ii)　Rを，G/Hの一つの代表系とすると，ベクトル空間Vは，$\rho_r W$,(ただし$r\in R$)の直和である.

特に，$\dim(V)=\sum_{r\in R}\dim(\rho_r W)=(G:H)\dim(W)$，を得る.

例. 1)　Vとして，Gの**正則表現**をとろう；空間Vは，基底$(e_t)_{t\in G}$をもち，表現は，$s\in G, t\in G$ならば，$\rho_s e_t=e_{st}$である．Wを，$t\in H$なるe_t全部を基底とする，Vの部分空間とする．Hの，Wに於ける表現θは，Hの**正則表現**であり，ρがθより誘導されることは，すぐにわかる.

2)　Vとして，G/Hの各元σに対応して番号づけられている基底(e_σ)をもつベクトル空間をとり，GのVに於ける表現ρを，$s\in G$，$\sigma\in G/H$の時，$\rho_s e_\sigma=e_{s\sigma}$によって，定義しよう．(この式は意味をもつ．何故なら，σがHを法とする左剰余類ならば，$s\sigma$もそうであるから.)このようにして，Gの一つの表現を得，これはちょうど，GのG/Hに対応する置換表現である(n° 1.2，例c)参照). 類Hに対応するベクトルe_Hは，Hで不変である；Hの部分空間Ce_Hに於ける表現は，従って，Hの単位表現であり，この表現が，GのVに於ける表現を誘導することは，明らかである.

3)　ρ_1が，θ_1より誘導され，ρ_2がθ_2より誘導されれば，$\rho_1\oplus\rho_2$は，$\theta_1\oplus\theta_2$より誘導される.

4)　(V,ρ)は，(W,θ)より誘導されるものとし，W_1を，Wの不変部分空間とする．Vの部分空間$V_1=\sum_{r\in R}\rho_r W_1$は，Gで保たれ，Gの$V_1$に於ける表現は，Hの$W_1$に於ける表現より誘導される.

5)　ρがθより誘導されるものとし，ρ'を，Gの一つの表現とする．かつ，

ρ_H'を，ρ'のHへの制限とすると，$\rho \otimes \rho'$は，$\theta \otimes \rho_H'$より誘導される．

誘導表現の存在と一意性

補題 1. (V, ρ)は，(W, θ)より誘導されるものとする．$\rho': G \to \mathbf{GL}(V')$を，Gの線型表現とし，$f: W \to V'$を，各$t \in H$及び各$w \in W$に対し，$f(\theta_t w) = \rho_t' f(w)$を満たす，線型写像とする[訳注]．このとき，線型写像$F: V \to V'$であって，fの拡張であり，かつ各$s \in G$に対し，$F \circ \rho_s = \rho_s' \circ F$となるもの，がただ一つ存在する．

Fが，この条件を満たすとする．$x \in \rho_s W$ならば，$\rho_s^{-1} x \in W$であり，これより

$$F(x) = F(\rho_s \rho_s^{-1} x) = \rho_s' F(\rho_s^{-1} x) = \rho_s' f(\rho_s^{-1} x);$$

この式は，$\rho_s W$上で，Fを決定する．Vは，$\rho_s W$の和であるから，FはV上で決定される．これにより，Fの一意性が示される．

一方，$x \in W_\sigma$とし，$s \in \sigma$を選ぶ；$F(x)$を上のように，式$F(x) = \rho_s' f(\rho_s^{-1} x)$で定義する．この定義は，$\sigma$中の$s$の選び方によらない；事実$t \in H$として，$s$を$st$でおきかえると，

$$\rho_{st}' f(\rho_{st}^{-1} x) = \rho_s' \rho_t' f(\theta_t^{-1} \rho_s^{-1} x) = \rho_s' f(\theta_t \theta_t^{-1} \rho_s^{-1} x) = \rho_s' f(\rho_s^{-1} x)$$

を得る．VはW_σの直和であるから，W_σ達の上でこのように定義された，部分的な線型写像を拡張した，唯一の線型写像$F: V \to V'$が存在する．各$s \in G$に対し，$F \circ \rho_s = \rho_s' \circ F$であることは，困難なく確かめられる．

定理 11. (W, θ)を，Hの線型表現とする．このとき，(W, θ)より誘導されたGの線型表現(V, ρ)が存在する．しかも，それは同型をのぞいて，ただ一つである．

誘導表現ρの存在を証明しよう．上の例3により，θは既約であると仮定することが出来る．この場合θは，Hの正則表現のある部分表現と同型である．

訳注　すなわちfは，H-加群WからH-加群V'へのH-準同型写像である．次に登場するFはG-準同型写像である．

Hの正則表現は，一つの誘導表現，すなわちGの正則表現，をもつ(例1参照)；例4を適用して，これより確かに，θは一つの誘導表現をもつことが導かれる．

ρが同型を除いて，ただ一つであることを証明することが残っている．(V,ρ)及び(V',ρ')を，(W,θ)の二つの誘導表現とする．WからV′の中への埋め込み写像に，補題1を適用して，W上では恒等写像であり，各$s\in\mathrm{G}$に対し，$\mathrm{F}\circ\rho_s=\rho_s'\circ\mathrm{F}$となる線型写像$\mathrm{F}:\mathrm{V}\to\mathrm{V}'$が存在することがわかる．Fの像は，全ての$\rho_s'\mathrm{W}$を含み，従ってV′に等しいことがわかる．V′及びVの次元は共に，$(\mathrm{G}:\mathrm{H})\dim(\mathrm{W})$であるから，これよりFは，同型写像であることが結論される．以上により定理が証明された．

(定理11の，より自然な証明は，n° 7.1をみよ．)

誘導表現の指標

(V,ρ)は，(W,θ)より誘導されたとし，χ_ρ及びχ_θを，対応するG及びHの指標とする．(W,θ)は，(V,ρ)を同型を除いて決めるから，χ_ρを，χ_θの函数として計算できるはずである．次の定理は，その方法を示す：

定理12. hを，Hの位数とし，Rを，G/Hの一つの代表系とする．各$u\in\mathrm{G}$に対し，

$$\chi_\rho(u)=\sum_{\substack{r\in\mathrm{R}\\ r^{-1}ur\in\mathrm{H}}}\chi_\theta(r^{-1}ur)=\frac{1}{h}\sum_{\substack{s\in\mathrm{G}\\ s^{-1}us\in\mathrm{H}}}\chi_\theta(s^{-1}us),$$

が成り立つ．(特に，$\chi_\rho(u)$は，uのG中の共役類とHとの共通部分の上でのχ_θの値の，一次結合である．)

空間Vは，$\rho_r\mathrm{W}$, $r\in\mathrm{R}$, 達の直和である．さらに，ρ_uは，$\rho_r\mathrm{W}$達の置換をひきおこす．より正確には，urを，r_ut, ここで$r_u\in\mathrm{R}$, $t\in\mathrm{H}$, の形に書けば，ρ_uは，$\rho_r\mathrm{W}$を，$\rho_{r_u}\mathrm{W}$に変換することがわかる．$\chi_\rho(u)=\mathrm{Tr}_\mathrm{V}(\rho_u)$を決めるために，$\rho_r\mathrm{W}$の基底の和集合であるVの基底を用いることが出来る．$r_u\neq r$となる文字rについては，ρ_uの行列の対応する部分に於て，対角成分は，0となる；の

こりの r に対応する部分の対角成分は，ρ_rW 上の ρ_u のトレースを与える．従って，

$$\chi_\rho(u)=\sum_{r\in \mathrm{R}_u}\mathrm{Tr}_{\rho_r \mathrm{W}}(\rho_{u,r}),$$

を得る；ここで，R_u は，$r_u=r$ となる $r\in\mathrm{R}$ 全体の集合をあらわし，$\rho_{u,r}$ は，ρ_u の，ρ_rW への制限をあらわす．r が R_u に属する必要十分条件は，ur が適当な $t\in\mathrm{H}$ によって，rt と書けること，すなわち，$r^{-1}ur\in\mathrm{H}$ であること，に注意する．

$r\in\mathrm{R}_u$ に対し，$\mathrm{Tr}_{\rho_r\mathrm{W}}(\rho_{u,r})$ を計算することが残っている．そのために，ρ_r は，W から ρ_rW の上への同型写像を定義すること，及び

$$t=r^{-1}ur\in\mathrm{H}\text{ により，}\ \rho_r\circ\theta_t=\rho_{u,r}\circ\rho_r$$

を得ること，に注意する．$\rho_{u,r}$ のトレースは，従って，θ_t のトレースに等しい．すなわち，$\chi_\theta(t)=\chi_\theta(r^{-1}ur)$ に等しい．従って，まさしく，

$$\chi_\rho(u)=\sum_{r\in\mathrm{R}_u}\chi_\theta(r^{-1}ur)$$

を得る．

$\chi_\rho(u)$ に対する第二の式は，次のことに注意すれば，第一のものから得られる：左剰余類 $r\mathrm{H}(r\in\mathrm{R}_u)$ に属する全ての G の元 s に対して，$\chi_\theta(s^{-1}us)=\chi_\theta(r^{-1}ur)$ である．

読者は，第 II 部に於て，誘導表現の別の性質に出会うであろう．その主なものは：

i) **フロベニウスの相互律の公式**

$$(f_\mathrm{H}|\chi_\theta)_\mathrm{H}=(f|\chi_\rho)_\mathrm{G},$$

ここで，f は G 上の中心的函数，f_H はその H への制限であり，内積は，それぞれ H 上及び G 上で計算したものをとるのである．

ii) **マッキーの判定条件**．これによって，誘導表現がいつ既約となるかを判定することが出来る．

iii) **アルチンの定理，ブラウアーの定理**．これらは，それぞれ，群 G の任意の指標は，G の巡回部分群より誘導された表現の指標の有理数係数の一次結合，及び G の《基本》部分群より誘導された表現の指標の整数係数の一次結合，であ

ることをのべている.

練習問題

1) Gの，任意の既約表現は，Hのある既約表現より誘導された表現に含まれることを示せ.(既約表現は，正則表現に含まれるという事実を用いよ.)これより，定理9の系の別の証明を導け.

2) (W, θ)を，Hの線型表現とする．各$u \in G$と各$t \in H$とに対し，$f(tu) = \theta_t f(u)$となる函数$f: G \to W$全体のなすベクトル空間をVとする．Gの，Vに於ける表現ρを，$s, u \in G$のとき，$(\rho_s f)(u) = f(us)$とおいて定義する．$w \in W$に対し，元$f_w \in V$を，$t \in H$ならば$f_w(t) = \theta_t w$，$s \notin H$ならば$f_w(s) = 0$，により定義する．$w \longmapsto f_w$は，Wより，Vの，Hの外で零となる函数全体のなす部分空間W_0の上への同型写像であることを示せ．このようにして，WとW_0とを同一視すれば，表現(V, ρ)は，表現(W, θ)より誘導されることを示せ.

3) Gは，二つの部分群H及びKの直積とする(n° 3.2を参照)．ρを，Hの表現θより誘導されたGの表現とする．ρは，$\theta \otimes r_K$に同型であることを示せ，ここで，r_Kは，Kの正則表現をあらわす.

［訳者追記］　誘導表現の“universality”による特徴づけを述べておこう．有限群Gと部分群Hが与えられているとし，Gの表現空間をG-加群と呼び，またGの表現空間の間の線型写像について，35頁訳注の意味でG-準同型写像という言葉を使うことにしよう．すると次の定理が成り立つ．(G-加群は恒にH-加群と見做せることに注意.)：

定理. i)　H-加群Wが与えられたとき，G-加群Vと，H-準同型写像$f: W \to V$との対(V, f)が存在して，次の“universality”の性質を満たす.

［*］　任意のG-加群V_1と，任意のH-準同型写像$\varphi: W \to V_1$とに対して，G-準同型写像$\bar{\varphi}: V \to V_1$が存在して，$\varphi = \bar{\varphi} \circ f$となる．しかもかかる$\bar{\varphi}$は一意的である．(このVが実はWの誘導表現となる.)

ii)　上の［*］を満たすような対(V, f)は，本質的には(すなわち同型を除いて)一意的である.

4. コンパクト群への拡張

この節の目標は，前述の諸結果が，(必ずしも有限でない)任意の**コンパクト群**に，いかに拡張されるか，を示すことである；証明については，読者は，54頁の文献表に引用された著作[1], [4], [6]を参照されるとよいであろう．

ここでのべた結果は，いずれも，後では用いられない．ただし，例5.2, 5.5, 5.6を除く．

4.1. コンパクト群

位相群Gとは，**位相**をもつ群で，その位相に関し積$s.t$及び逆s^{-1}が，連続なるもの，をいうのである．このような群は，その位相がコンパクト空間の位相であるとき，すなわち，ボレル－ルベーグの定理が成り立つとき，**コンパクト**とよばれる．例えば，2(又は，3, 4, …)次元ユークリッド空間内の，一点のまわりの回転全体のなす群は，自然な位相をもち，その位相によってコンパクト群となる；その閉部分群もまたコンパクト群である．

コンパクトでない群の例として，平行移動$x \longmapsto x+a$全体の群及び，二次形式$x^2+y^2+z^2-t^2$を保つ線型写像のなす群(《**ローレンツ群**》)をあげよう．これらの群の線型表現は，コンパクトの場合とは全く異なる性質をもつ．

4.2. コンパクト群上の不変測度

有限群 G の線型表現の研究に於て，G 上の平均をとるという操作を，多く用いてきた．これは，G の位数を g とすると，G 上の函数 f に対し，元 $\frac{1}{g}\sum_{t\in G}f(t)$ を対応させる操作である（f の値は，あるいは複素数，あるいは，より一般に，あるベクトル空間の元であってよい）．類似の操作が，コンパクト群に対しても存在する；もちろんそれは，有限の和をとる代りに，ある測度 dt に関する積分 $\int_G f(t)dt$ をとることになるのであるが．

正確には，次の二つの性質をもつ，G 上の測度 dt の，存在と一意性が実は証明されるのである：

i) 任意の連続函数 f 及び，任意の $s\in G$ に対して，$\int_G f(t)dt=\int_G f(ts)dt$.
（dt の右移動に関する不変性）

ii) $\int_G dt=1$.（dt の全質量は 1 に等しい．）

するとさらに，dt は，左移動に関して不変であること，換言すれば性質，

i′) $$\int_G f(t)dt = \int_G f(st)dt$$

を満たすこと，が証明される．

測度 dt は，群 G の**不変測度**（又は，**ハール測度**）とよばれる．その例を二つ与えよう（§5 に於て，他の例を述べる）：

1) G を，位数 g の有限群とすると，測度 dt は，各元 $t\in G$ に，$\frac{1}{g}$ に等しい質量を，割り当てることである．

2) G が平面の回転全体の群 C_∞ であり，元 $t\in G$ を，$t=e^{i\alpha}$（α は，2π を法としてとる）の形にあらわせば，不変測度は，測度 $\frac{1}{2\pi}d\alpha$ である；$\frac{1}{2\pi}$ という因子は，上記の条件 ii) を成り立たせるためのものである．

4.3. コンパクト群の線型表現

G をコンパクト群とし，V を複素数体上の有限次元ベクトル空間とする．G

のVに於ける線型表現とは，連続な準同型写像 ρ:G → **GL**(V) をいう；連続性の条件は，$\rho_s x$ が二変数 $s \in$ G，$x \in$ V の連続函数である，ということと同値である．さらに一般に**ヒルベルト空間**に於ける線型表現を，同様に定義する；しかし，このような表現は，有限次元ユニタリ表現のヒルベルト空間論の意味での直和に，同型であることが証明される．従って，考察を有限次元ユニタリ表現に限ってよいのである．

有限群の表現の性質の大部分は，コンパクト群の表現に拡張される；それには単に，式《$\frac{1}{g}\sum_{t \in G} f(t)$》が出て来る所を，式《$\int_G f(t)dt$》で，おきかえさえすればよい．例えば，二つの函数 φ 及び ϕ の内積 $(\varphi|\phi)$ は，

$$(\varphi|\phi) = \int_G \varphi(t)\phi(t)^* dt ,$$

と書かれる．

より正確には：

a) 定理 1, 2, 3, 4, 5 は，変更なしに成り立ち，その証明も同様である．命題 1, 2, 3, 4 についても同様である．

b) n° 2.4 に於ては，正則表現 R を，G 上の二乗可積分函数全体のなすヒルベルト空間に，群 G が，$(\rho_s f)(t)=f(s^{-1}t)$ により作用するもの，と定義することが必要である；G が有限でなければ，この表現は無限次元であり，もはやその指標についてのべることはできない．従って，命題 5 は意味をもたない．しかしながら，各既約表現は，R 中に，その次数と同じ回数だけ含まれる，ということは，やはり真である．

c) 命題 6 及び定理 6 は，変更なしに成り立つ（定理 6 に於て，H としては，G 上の二乗可積分な中心的函数のなすヒルベルト空間をとる．）．

d) 定理 7 は，G が有限でないときも真である（が，興味はない）；無限個の類と，無限個の既約表現が存在するのである．

e) 定理 8 及び命題 8 は変更なしに成り立ち，その証明も同様である．標準分解の射影子 p_i（定理 8）は，公式

$$p_i x = n_i \int_G \chi_i(t)^* \rho_t x dt$$

により与えられる．

f) 定理9及び10は変更なしに成立し，その証明も同様である．定理10に関しては，積 $G_1 \times G_2$ の不変測度は，群 G_1 及び G_2 の不変測度の積 $ds_1\, ds_2$ であることに注意しておこう．

g) Hが，Gの指数有限の閉部分群であるとき，Hの表現より誘導されるGの表現，の概念は，n° 3.3に於ける如く定義され，定理11及び12も，やはり成り立つ．Hが指数有限でないとき，(W, θ) の誘導表現は，Wに値をもつG上の二乗可積分函数 f であって，各 $t \in H$ に対し，$f(tu) = \theta_t f(u)$ なるもの，のなすヒルベルト空間として定義され，この空間上に，Gを，$\rho_s f(u) = f(us)$ によって作用させる．n° 3.3，練習問題2参照．

5. 種々の例

5.1. 巡回群 C_n

これは，位数 n の群であり，$r^n=1$ となる元 r の巾，$1, r, \cdots, r^{n-1}$ よりなる．この群は，ある軸のまわりの，$2k\pi/n$ の回転のなす群として実現出来る．これは可換群である．

定理9により，C_n の既約表現は，1次である．このような表現は，r に複素数 $\chi(r)=w$ を，r^k に複素数 $\chi(r^k)=w^k$ を対応させるものである；$r^n=1$ であるから $w^n=1$，すなわち $w=e^{2\pi ih/n}$，ここで $h=0, 1, \cdots, n-1$，でなければならない．従って，n 個の1次既約表現が得られ，その指標は，式，

$$\chi_h(r^k) = e^{2\pi ihk/n}$$

で与えられる．

$\chi_h\cdot\chi_{h'}=\chi_{h+h'}$ が成り立つ，ただし，$h+h'\geqq n$ のとき，$\chi_{h+h'}=\chi_{h+h'-n}$ とする (いいかえると，χ_h の指数 h は，n を法としてとるものとする)．

例えば，$n=3$ に対しては，既約指標の表は次の通り：

	1	r	r^2
χ_0	1	1	1
χ_1	1	w	w^2
χ_2	1	w^2	w

，　ここで，$w = e^{2\pi i/3} = -\dfrac{1}{2}+i\dfrac{\sqrt{3}}{2}$.

$\chi_0\cdot\chi_i=\chi_i$ $(i=0, 1, 2)$，$\chi_1\cdot\chi_1=\chi_2$，$\chi_2\cdot\chi_2=\chi_1$ 及び $\chi_1\cdot\chi_2=\chi_0$ が成り立つ．

5.2. 群 C_∞

これは平面の(一定の中心のまわりの)**回転**全体のなす可換群である．角 α (2π を法としてきまる)だけの回転を，r_α であらわせば，C_∞ 上の不変測度は，$\frac{1}{2\pi}d\alpha$　(n°4.2 参照)である．C_∞ の既約表現は，1 次である．それらが次式で与えられることは，容易にわかる：

$$\chi_n(r_\alpha)=e^{in\alpha}\qquad (n\text{ は，任意の符号の整数})$$

ここで，指標の直交関係は，次のよく知られた公式を，あらためて与える：

$$\frac{1}{2\pi}\int_0^{2\pi}e^{-in\alpha}.e^{im\alpha}d\alpha=\delta_{nm}\,,$$

また，定理 6 は，周期函数の，フーリエ級数への展開をあらためて与える．

5.3. 二面体群 D_n

これは，一つの正 n 角形を変えないような，平面の，**回転**と**対称写像**(詳しくは線対称写像)全体のなす群である．これは，n 個の回転と，n 個の対称写像を含み，回転の全体は，C_n に同型な部分群をなす；位数は $2n$ に等しい．角 $2\pi/n$ だけの回転を r であらわし，対称写像の任意の一つを s であらわせば，関係式：

$$r^n=1,\qquad s^2=1,\qquad srs=r^{-1},$$

が成り立つ．D_n の任意の元は，一意的に，r^k，ただし $0\leqslant k\leqslant n-1$，の形($C_n$ に属するとき)，あるいは，sr^k，ただし $0\leqslant k\leqslant n-1$，の形($C_n$ に属さないとき)に書かれる．関係 $srs=r^{-1}$ から，$sr^ks=r^{-k}$ が導かれ，これより $(sr^k)^2=1$，となることに注意しよう．

D_n の，3 次元空間の合同変換の群としての実現

それには，いくつかある：

a)　通常の実現(伝統的に，D_n とあらわされるもの．例えば Eyring [5]参照): 回転として，軸 Oz のまわりの回転をとり，対称写像として，平面 Oxy 上の，原点を通る n 個の直線のまわりの線対称写像をとる；これらの直線は，その間の角が π/n の倍数をなす．

b) 群 C_{nv} (Eyring [5]の記号)による実現: 回転の所は上と同じだが，Oxy 上の直線に関する線対称写像の代りに，この直線と軸 Oz を通る平面に関する面対称写像をとる．

c) 群 D_{2n} はまた，群 D_{nd} (Eyring[5]の記号)として実現することが出来る．

群 D_n の既約表現(n: 偶数≧2)

まず 4 個の 1 次の表現がある．これは，r 及び s に，±1 を可能な全ての方法で対応させて得られる．その指標 ψ_1，ψ_2，ψ_3，ψ_4 は，次表で与えられる:

	r^k	sr^k
ψ_1	1	1
ψ_2	1	-1
ψ_3	$(-1)^k$	$(-1)^k$
ψ_4	$(-1)^k$	$(-1)^{k+1}$

2 次の表現に移ろう．$w=e^{2\pi i/n}$ とおき，h を任意の整数とする．D_n の表現 ρ^h を，次のようにおいて，定義する:

$$\rho^h(r^k)=\begin{pmatrix} w^{hk} & 0 \\ 0 & w^{-hk} \end{pmatrix}, \qquad \rho^h(sr^k)=\begin{pmatrix} 0 & w^{-hk} \\ w^{hk} & 0 \end{pmatrix}.$$

直接計算により，これが確かに表現であることが確かめられる．この表現は，C_n の，指標 χ_h (n° 5.1)の，表現より誘導された(n° 3.3 の意味で)ものである．これは，n の，h を法とした類にのみ依存する；さらに，ρ^h 及び ρ^{n-h} は同型である．従って，$0\leqslant h\leqslant n/2$ と仮定することが出来る．端の，$h=0$ 及び $h=n/2$ の場合は，興味がない: 対応する表現は可約で，それぞれ指標は，$\psi_1+\psi_2$，$\psi_3+\psi_4$ だからである．反対に，$0<h<n/2$ に対しては，ρ^h は既約である: なぜなら $w^h\neq w^{-h}$ という事実より，$\rho^h(r)$ で保たれる直線は，座標軸のみであるが，所がそ

れらは $\rho^h(s)$ で保たれないからである．同様の議論により，これらの表現は，どの二つも同型でないことが示される；対応する指標 χ_h は，次式で与えられる：

$$\chi_h(r^k) = w^{hk} + w^{-hk} = 2\cos\frac{2\pi hk}{n},$$
$$\chi_h(sr^k) = 0.$$

上に構成した，1 次及び 2 次の既約表現が，D_n の(同型を除いて)全ての既約表現をつくしている．事実，それらの次数の平方の和は，$4\times1+(\frac{n}{2}-1)\times4=2n$ に等しく，これはちょうど D_n の位数である．

例. 群 D_6 は，指標が $\psi_1, \psi_2, \psi_3, \psi_4$ の 4 個の 1 次表現及び，指標が χ_1, χ_2 の 2 個の 2 次の既約表現をもつ．

群 D_n の既約表現(n:奇数)

1 次表現は，2 個のみで，その指標 ψ_1, ψ_2 は，次表で与えられる：

	r^k	sr^k
ψ_1	1	1
ψ_2	1	-1

他方，表現 ρ^h が，n が偶数の場合に於けるのと同じ式で定義される；$0<h<n/2$ に対するものは既約で，どの二つも同型でない．[n が奇数であるから，条件 $h<n/2$ はまた，$h\leqslant(n-1)/2$ とも書けることに注意せよ.] 指標を与える式は，同じである．

これらの表現が既約表現をつくす．事実，それらの次数の平方の和は，$2\times1+\frac{n-1}{2}\times4=2n$ に等しく，これはちょうど D_n の位数である．

練 習 問 題

1) D_n, n は偶数(又は n は奇数：( )内はそれぞれ，n が奇数の場合を示す)，に於て，対称写像は 2 個(1 個)の共役類をなし，C_n の元は $\left(\frac{n}{2}+1\right)$個 $\left(\frac{n+1}{2}個\right)$ の共役類をなすことを示せ．これより，D_n の共役類の数を導け；これは，既約指標の数と一致することを確かめよ．

2)　$\chi_h \cdot \chi_{h'} = \chi_{h+h'} + \chi_{h-h'}$ を示せ．特に，

$$\chi_h \cdot \chi_h = \chi_{2h} + \chi_0 = \chi_{2h} + \psi_1 + \psi_2 ,$$

を得る．ψ_2 は，ρ^h の交代積の指標であり，$\chi_{2h} + \psi_1$ は，対称積の指標であることを示せ(n° 1.5 及び命題 3 参照).

3)　D_n の，$\mathbf{R}^3$ の合同変換の群としての通常の実現(Eyring[5])は，可約であって，指標 $\chi_1 + \psi_2$ をもつことを示せ；それに対し，D_n の，C_{nv} としての実現(同上)は，指標 $\chi_1 + \psi_1$ をもつことを示せ．

5.4.　群 D_{nh}

これは，積 $D_n \times I$ である．ただし，I は，位数 2 の群で，$\iota^2 = 1$ として元 $\{1, \iota\}$ よりなる．これは位数 $4n$ の群である．D_n を通常のやり方で 3 次元空間の回転及び対称写像よりなる群として実現すれば(n° 5.3, a)参照)，D_{nh} を，D_n 及び原点に関する対称写像 ι より生成された群として，実現することができる．

定理 10 により，D_{nh} の既約表現は，D_n の既約表現と，I の既約表現とのテンソル積である．さて，群 I は，二つの既約表現をもち，いずれも 1 次である．それらの指標 g 及び u は，次表で与えられる：

	1	ι
g	1	1
u	1	-1

これより，D_{nh} は，D_n の二倍の既約表現をもつことが結論される．より正確には，D_n の各既約指標 χ は，D_{nh} の，次表で与えられる，二つの既約指標 χ_g 及び χ_u を定義する：

	x	ιx
χ_g	$\chi(x)$	$\chi(x)$
χ_u	$\chi(x)$	$-\chi(x)$

(x は，D_n の元)

従って，例えば，D_n の指標 χ_1 から，指標 χ_{1g} 及び χ_{1u} が誕生する：

	r^k	sr^k	ιr^k	ιsr^k
χ_{1g}	$2\cos\dfrac{2\pi k}{n}$	0	$2\cos\dfrac{2\pi k}{n}$	0
χ_{1u}	$2\cos\dfrac{2\pi k}{n}$	0	$-2\cos\dfrac{2\pi k}{n}$	0

D_n の他の指標についても，同様にやればよい．

5.5. 群 D_∞

これは，平面の，原点をたもつような回転と線対称写像全体の群である．これは，回転 r_α 全体の群 C_∞ を含む；s を対称写像の任意の一つとすると，関係式

$$s^2=1, \qquad sr_\alpha s=r_{-\alpha},$$

を得る．D_∞ の任意の元は，一意的に，r_α の形(C_∞ に属するとき)か，又は sr_α の形(C_∞ に属さないとき)にかかれる；位相空間として，D_∞ は，共通部分をもたない二つの円からなる．D_∞ の不変測度は，測度 $d\alpha/4\pi$ である．より正確には，函数 f の平均 $\int_G f(t)dt$ は，次式で与えられる：

$$\int_G f(t)dt=\frac{1}{4\pi}\int_0^{2\pi}f(r_\alpha)d\alpha+\frac{1}{4\pi}\int_0^{2\pi}f(sr_\alpha)d\alpha.$$

特に，n° 2.6 の射影子は，次のように書かれる：

$$p_i x=\frac{n_i}{4\pi}\int_0^{2\pi}\chi_i(r_\alpha)^*\rho_{r_\alpha}(x)d\alpha+\frac{n_i}{4\pi}\int_0^{2\pi}\chi_i(sr_\alpha)^*\rho_{sr_\alpha}(x)d\alpha.$$

D_∞ の，3 次元空間の合同変換の群としての実現

それには二つの仕方がある：

a) 通常の実現(Eyring[5] に於て，D_∞ とあらわされる．)．Oz のまわりの回転と，平面 Oxy 上の，原点 O を通る直線に関する線対称写像とをとる．

b) 群 $C_{\infty v}$ (Eyring [5]の記号)による実現：Oxy 上の直線に関する対称写像の代りに，Oz を通る平面に関する面対称写像をとる．

群 $\mathbf{D}_{\infty}$ の既約表現

これらは，D_n の既約表現と同様に構成される．まず，2個の1次表現があり，その指標 ψ_1, ψ_2 は次表で与えられる．

	r_α	sr_α
ψ_1	1	1
ψ_2	1	-1

次式で定義される，2次の既約表現 $\rho^h\ (h=1, 2, \cdots)$ の系列がある；

$$\rho^h(r_\alpha) = \begin{pmatrix} e^{ih\alpha} & 0 \\ 0 & e^{-ih\alpha} \end{pmatrix}, \qquad \rho^h(sr_\alpha) = \begin{pmatrix} 0 & e^{-ih\alpha} \\ e^{ih\alpha} & 0 \end{pmatrix}.$$

それらの指標 $\chi_1, \chi_2, \cdots$ の値は，次の通りである：

$$\chi_h(r_\alpha) = 2\cos(h\alpha), \qquad \chi_h(sr_\alpha) = 0.$$

これらが，同型を除いて，群 D_∞ の全ての既約表現であることが証明される．

5.6. 群 $\mathbf{D}_{\infty h}$

これは，積 $D_\infty \times I$ である；これを，D_∞ 及び原点に関する点対称写像 ι により生成された群として，実現することが出来る．その元は，次の四つの形

$$r_\alpha, \qquad sr_\alpha, \qquad \iota r_\alpha, \qquad \iota sr_\alpha$$

の，いずれか一つの形に，一意的に書き表わせる．位相空間として，これは，共通部分をもたない，四つの円の和集合である．$D_{\infty h}$ の不変測度は，$\dfrac{1}{8\pi}d\alpha$ である；という意味は，上の如く，$D_{\infty h}$ 上の函数 f の平均 $\int_G f(t)dt$ が，式

$$\int_G f(t)dt = \frac{1}{8\pi}\int_0^{2\pi} f(r_\alpha)d\alpha + \frac{1}{8\pi}\int_0^{2\pi} f(sr_\alpha)d\alpha$$
$$+ \frac{1}{8\pi}\int_0^{2\pi} f(\iota r_\alpha)d\alpha + \frac{1}{8\pi}\int_0^{2\pi} f(\iota sr_\alpha)d\alpha,$$

で与えられることに他ならない．これより，n° 2.6 の射影子 p_i の具体的な表示を導くことは，読者にまかせる．

D_{nh} に対すると同様に，$D_{\infty h}$ の既約表現は，D_∞ のそれらを，“水増しするこ

と”により導かれる．D_∞ の各指標 χ から $D_{\infty h}$ の二つの指標 χ_g 及び χ_u が誕生する．

従って，例えば，D_∞ の指標 χ_3 は，次を与える：

	r_α	sr_α	ιr_α	ιsr_α
χ_{3g}	$2\cos 3\alpha$	0	$2\cos 3\alpha$	0
χ_{3u}	$2\cos 3\alpha$	0	$-2\cos 3\alpha$	0

5.7. 交代群 $\mathfrak{A}_4$

これは，4元をもつ集合 $\{a, b, c, d\}$ の**偶置換**全体の群である；この群は，原点を重心とする正四面体を変えないような $\mathbf{R}^3$ の回転のなす群に，同型である．$\mathfrak{A}_4$ は12個の元をもつ：

単位元1；

位数2の3元，$x=(ab)(cd)$，$y=(ac)(bd)$，$z=(ad)(bc)$，これは，四面体の相対する二つの稜の中心を結ぶ直線に関する，線対称写像に対応する；

位数3の8元：$(abc), (acb), \cdots, (bcd)$，これは，一頂点と，相対する面の重心とを結ぶ直線を回転軸とする，$\pm 120°$ の回転に対応する．

注意．巡回置換 $a\longmapsto b$，$b\longmapsto c$，$c\longmapsto a$，$d\longmapsto d$ を，(abc) と書く；同様に，$(ab)(cd)$ は，互換 (ab) 及び (cd) の積であり，置換 $a\longmapsto b$，$b\longmapsto a$，$c\longmapsto d$，$d\longmapsto c$ をあらわす．

$t=(abc)$，$K=\{1, t, t^2\}$ 及び $H=\{1, x, y, z\}$ とおく．

$$txt^{-1}=z, \quad tzt^{-1}=y, \quad tyt^{-1}=x,$$

を得る．さらに，H 及び K は，$\mathfrak{A}_4$ の部分群であり，H は正規，かつ $H\cap K=\{1\}$ である．これより容易に，$\mathfrak{A}_4$ の各元は，一意的に積 $h.k$，ここで $h\in H$，$k\in K$ とする，と書けることが結論される．

また，$\mathfrak{A}_4$ は，K の，正規部分群 H による**半直積**であるともいわれる；これは，直積ではないことに注意せよ；K の元は，H の元と交換可能とはなっていないからである.

$\mathfrak{A}_4$ は，4個の共役類をもつ：$\{1\}$, $\{x, y, z\}$, $\{t, tx, ty, tz\}$ 及び $\{t^2, t^2x, t^2y, t^2z\}$. このことより4個の既約指標が存在する．まず3個の1次指標がある．これらは，群Kの三つの指標 χ_0, χ_1 及び χ_2 (n° 5.1 参照)に対応し，それを，$h \in \mathrm{H}$, $k \in \mathrm{K}$ のとき $\chi_i(h.k) = \chi_i(k)$ とおいて，$\mathfrak{A}_4$ に拡張したものである．最後の指標 ψ は，例えば，命題5の系2の方法によって，決定される；これは，$\mathfrak{A}_4$ の，$\mathbf{R}^3$ に於ける自然な表現(線型性により $\mathbf{C}^3$ に拡張する)の指標であることがわかる．これより $\mathfrak{A}_4$ の指標表が得られる：

	1	x	t	t^2
χ_0	1	1	1	1
χ_1	1	1	w	w^2
χ_2	1	1	w^2	w
ψ	3	-1	0	0

，ここで，$w = e^{2\pi i/3} = -\dfrac{1}{2} + i\dfrac{\sqrt{3}}{2}$.

練習問題

$\theta(1) = \theta(x) = 1$ 及び $\theta(y) = \theta(z) = -1$ とおこう；このようにして，Hの1次の表現を得る．θ より誘導された $\mathfrak{A}_4$ の表現(n° 3.3 参照)は3次である；これは既約で，指標 ψ をもつことを示せ．

5.8. 対 称 群 $\mathfrak{S}_4$

これは集合 $\{a, b, c, d\}$ の置換全体のなす群である；正四面体を保つ合同変換の群と同型である．24個の元をもち，それらは5個の共役類にわかれる：

単位元1；

6個の互換：$(ab), (ac), (ad), (bc), (bd), (cd)$；

$\mathfrak{A}_4$ の位数2の3元：$x = (ab)(cd)$, $y = (ac)(bd)$, $z = (ad)(bc)$；

位数3の8元：$(abc), \cdots, (bcd)$；

位数4の6元：$(abcd), (abdc), (acbd), (acdb), (adbc), (adcb)$.

$H=\{1, x, y, z\}$とし，dを固定する置換全体のなす群をLとする．前節と同様に，$\mathfrak{S}_4$は，Lの，正規部分群Hによる半直積であることがわかる．Lの任意の表現ρは，$h\in H, l\in L$とするとき，式$\rho(h.l)=\rho(l)$により，$\mathfrak{S}_4$の表現に拡張される．このようにして(n° 2.5 参照)，$\mathfrak{S}_4$の次数がそれぞれ，1, 1, 2の三つの既約表現を得る．他方，$\mathfrak{S}_4$の，$\mathbf{R}^3$に於ける自然な表現は既約($\mathfrak{A}_4$への制限が，すでにそうだから)であり，この表現と，$\mathfrak{S}_4$の自明でない1次表現とのテンソル積も同様に既約である．これより，$\mathfrak{S}_4$の指標表を得る．

	1	(ab)	$(ab)(cd)$	(abc)	$(abcd)$
χ_0	1	1	1	1	1
ε	1	−1	1	1	−1
θ	2	0	2	−1	0
ψ	3	1	−1	0	−1
$\varepsilon\psi$	3	−1	−1	0	1

$\mathfrak{S}_4$の指標の値は，整数であることに注意せよ；これは，対称群の表現の一般的な性質の一つである，n° 13.1 参照．

5.9. 立方体の群

$\mathbf{R}^3$に於て，8点(x, y, z)(ただし，$x=\pm1$，$y=\pm1$，$z=\pm1$)，を頂点とする立方体Cを考えよう．$\mathbf{R}^3$の，それ自身の上への同型写像であって，立方体Cを保つもの，すなわちその8個の頂点を置換するもの，全体のなす群をGとする．いくつかの方法で，Gを具体的に記述することが出来る：

i) 群Gは，$\{x, y, z\}$の置換の群$\mathfrak{S}_3$及び，変換

$$(x, y, z)\longmapsto(\pm x, \pm y, \pm z)$$

のなす位数8の群Mを含む．

Gが，$\mathfrak{S}_3$の，正規部分群Mによる半直積であることは，困難なく，確かめられる；特に，Gの位数は，$6.8=48$である．

ii) 原点に関する点対称写像$(x, y, z) \longmapsto (-x, -y, -z)$を，$\iota$であらわす．一方，頂点が，点$(1, 1, 1)$，$(1, -1, -1)$，$(-1, 1, -1)$，$(-1, -1, 1)$である四面体をTとし，$T' = \iota T$とする；Cの任意の頂点は，T又は$T'$の頂点である．S(T)を，$\mathbf{R}^3$の，それ自身の上への同型写像であって，Tを変えないもの全体のなす群とする；$s \in S(T)$ならば，$sT' = s\iota T = \iota s T = T'$を得，これは，$s$が，Cの頂点の集合を保つこと，従って，Gに属することを示す．これより，$S(T) \subset G$であり，すぐに，Gは，S(T)の，群$I = \{1, \iota\}$による直積であることがわかる．$S(T) = \mathfrak{S}_4$だから，Gの既約指標は，D_{nh}の既約指標がD_nの既約指標から導かれたと全く同様に，$\mathfrak{S}_4$の既約指標から，"水増し法"によって導かれる；従って，1次の既約指標が4個，2次のものが2個，3次のものが4個存在する；それらを具体的に書く手間は，読者にまかせる．

練習問題

1) 半直積分解$G = \mathfrak{S}_3 . M$を，分解$G = \mathfrak{S}_4 \times I$及び$\mathfrak{S}_4 = \mathfrak{S}_3 . L$（n°5.8参照）を用いて，あらためて導け．

2) G_+を，Gの，行列式が1の元よりなる部分群（立方体の回転群）とする．Gを，$S(T) \times I$と分解するとき，対応する射影写像$G \to S(T)$は，G_+から，$S(T) = \mathfrak{S}_4$の上への同型写像を定義することを示せ．

文献表(第I部)

有限群の表現の理論は，たいへん数多くの著作にのべられている．まず古典を一つあげよう：

[1] H. Weyl. The theory of groups and quantum mechanics, Dover Publ., 1931.

また，次をみよ：

[2] M. Hall. The theory of groups. Macmillan, New York, 1959.(邦訳あり：吉岡書店)

[3] G. G. Hall. Applied Group Theory. Math. Physics Ser., Longmans, 1967.

誘導表現及びその応用に関する概観が次にある：

[4] A. J. Coleman. Induced and Subduced Representations. M. Lœbl 編《Group Theory and its Applications》 Acad. Press, New York, 1968. 中にあり．

R^3 の合同変換からなる種々の群，その標準的な記号及びそれらの指標表については，

[5] H. Eyring, J. Walter and G. Kimball. Quantum Chemistry, John Wiley and Sons, New York, 1944.

をみよ．(問題の表は，付録 VII, pp. 376–388 にある．)

コンパクト群については，[1],[4]，ならびに次をみよ：

[6] L. Loomis. An introduction to abstract harmonic analysis. Van Nostrand, New York, 1953.

指標の理論の歴史に興味をもつ読者は，フロベニウスの原論文を読まれれば得る所が多いであろう：

[7] F. G. Frobenius. Gesammelte Abhandlungen, Bd. III. Springer-Verlag, 1969.

第 II 部　標数0の場合の表現

特に断わらぬ限り，考える群は全て有限と仮定し，全てのベクトル空間及び加群は，それぞれ，有限次元，**有限型**(すなわち有限個の元で生成される)と仮定する.

§6 より §11 に於ては(n° 6.1 を除き)，基礎の体は，複素数体 **C** とする.

6. 群 多 元 環

6.1. 表現と加群

Gを有限位数gの群とし，Kを一つの可換環とする．K上のGの群多元環を，K[G]と書く；この多元環は，Gの元に対応して番号づけられた基底をもち，この基底の元は非常にしばしば，Gの元と同一視される．従って，K[G]の各元fは，一意的に，

$$f=\sum_{s\in G}a_s s, \qquad ここで\ a_s\in K,$$

の形に書かれ，またK[G]に於ける積は，Gの積を拡張したものである．

VをK-加群とし，ρ:G→**GL**(V)を，GのVに於ける線型表現とする．$s\in G$，$x\in V$の時，$sx=\rho_s x$とおく；これより線型性により，$f\in K[G]$，$x\in V$の時，fxが定義される．このようにして，Vに，左K[G]-加群の構造がはいる；逆に，このような構造は，GのVに於ける線型表現を定義する．以下に於て，《線型表現》を用いた記述と，《加群》を用いた記述を，特に区別せずに用いる．

命題 9. Kが標数0の体であれば，多元環K[G]は半単純である．

(半単純多元環に関することは全て，例えば，Bourbaki [8]又は，Lang[10]をみよ.)

K[G]が半単純多元環であるということは，任意のK[G]-加群Vが半単純であること，すなわち，Vの任意の部分加群V′は，K[G]-加群として，V中で直和因子であること，と同値である．これは，n° 1.3と同じ，平均をつくる論法により示される；まず，VからV′の上へのK-線型な射影子pを一つえらび，

それから，それを，Gの元により変換したものの平均 $p^0=\frac{1}{g}\sum_{s\in G} sps^{-1}$ をつくる．このようにして得られた射影子 p^0 は，K[G]-線型であり，これは，V′がK[G]-加群として，V中で直和因子であることを意味する．

系． 多元環K[G]は，K上有限次の斜体(すなわち，0以外の元が逆元をもつような環)上の全行列環のいくつかの直和(積)である[訳注]．

これは半単純多元環の構造定理(同上)より得られる．

練習問題

Kを，標数 $p>0$ の体とする．次の二性質は，同値であることを示せ：

i) K[G]は半単純である．

ii) p は，Gの位数 g を割らない．

(ii)⇒i)は，上と同様に証明される．逆を証明するためには，p が g を割れば，$\sum a_s=0$ なる元，$\sum a_s s$，からなるK[G]のイデアルは，部分加群として，K[G]中で直和因子でないことを示す．)

6.2. C[G]の分解

今後，K=**C**ととる(実は，標数0の代数的閉体ならば，何でもよい)，従って，任意の**C**上有限次の斜体は，**C**となる．命題9の系は，従って，**C**[G]は，全行列環 $\mathbf{M}_{n_i}(\mathbf{C})$ 達の直和であることを示す．より正確には，ρ_i:G→**GL**(W_i)，$1\leqslant i\leqslant h$ を，Gの(同型を除いて)異なる既約表現の全部とし，$n_i=\dim(W_i)$ とおく．従って，W_i の自己準同型写像の環End(W_i)は，$\mathbf{M}_{n_i}(\mathbf{C})$ に同型である．写像 ρ_i:G→**GL**(W_i) は，線型性により，多元環間の準同型写像 $\tilde{\rho}_i$:**C**[G]→End(W_i) に拡張される；族($\tilde{\rho}_i$)は，準同型写像

$$\tilde{\rho}:\mathbf{C}[G]\to\prod_{i=1}^{i=h}\mathrm{End}(W_i)\simeq\prod_{i=1}^{i=h}\mathbf{M}_{n_i}(\mathbf{C})$$

訳注　直和と訳したが原語は積(produit)である．多元環𝔄と𝔅の直和𝔄⊕𝔅は，集合としては直積集合𝔄×𝔅に一致している．慣行に従って直和と訳したが，記号は𝔄⊕𝔅でなく𝔄×𝔅が用いられることが多い．以下用語として，直和，積の両方を使う．

を定義する.

命題 10. 上に定義した準同型写像 $\tilde{\rho}$ は，同型写像である.

これは，半単純多元環の一般性質である．いま考えている特別な場合には，これを次のような方法で証明することが出来る：

まず，$\tilde{\rho}$ は上への写像(すなわち全射)である．事実，もしそうでなければ，$\prod \mathbf{M}_{n_i}(\mathbf{C})$ 上の，零でない一次形式で，$\tilde{\rho}$ の像上で 0 となるものが存在する．これは表現 ρ_i の係数の間の自明でない線型関係を与えることになるが，これは，n° 2.2 の直交関係により不可能である．他方，$\mathbf{C}[\mathrm{G}]$ 及び $\prod \mathbf{M}_{n_i}(\mathbf{C})$ は，共に次元が $g=\sum n_i^2$ である (n° 2.4 参照)；$\tilde{\rho}$ は，上への写像であるから，従って，一対一写像(すなわち単射)である.

$\tilde{\rho}$ の逆である同型写像を，具体的に与えることが出来る.

命題 11 (フーリエの反転公式). $(u_i)_{1\leqslant i\leqslant h}$ を，$\prod \mathrm{End}(\mathrm{W}_i)$ の元とし，$u=\sum_{s\in \mathrm{G}} u(s)s$ を，各 i に対し，$\tilde{\rho}_i(u)=u_i$ となる $\mathbf{C}[\mathrm{G}]$ の元とする．u の s 番目の係数 $u(s)$ は，次式で与えられる：

$$u(s)=\frac{1}{g}\sum_{i=1}^{i=h} n_i \mathrm{Tr}_{\mathrm{W}_i}(\rho_i(s^{-1})u_i),\quad \text{ここで，}\quad n_i=\dim(\mathrm{W}_i).$$

線型性により，問題の公式を，u が G の元 t のときに証明すれば十分である．このとき，

$$u(s)=\delta_{st}\quad \text{及び}\quad \mathrm{Tr}_{\mathrm{W}_i}(\rho_i(s^{-1})u_i)=\chi_i(s^{-1}t),$$

を得る，ここで χ_i は，W_i に対応する G の既約指標である．従って，

$$\delta_{st}=\frac{1}{g}\sum_{i=1}^{i=h} n_i\chi_i(s^{-1}t),$$

を示せばよいことになるが，これは n° 2.4 命題 5，系 1, 2 より得られる.

練 習 問 題

1) **(プランシェレルの公式)** $u=\sum u(s)s$ 及び $v=\sum v(s)s$ を，$\mathbf{C}[\mathrm{G}]$ の二元とする．$\langle u, v\rangle=\dfrac{1}{g}\sum_{s\in \mathrm{G}} u(s^{-1})v(s)$ とおく．公式

$$\langle u, v\rangle = \frac{1}{g^2}\sum_{i=1}^{i=h} n_i \mathrm{Tr}_{\mathrm{W}_i}(\tilde{\rho}_i(uv))$$

を証明せよ．(u 及び v が G に属するときに帰着させよ．)

2) U を，**C**[G]の乗法群の有限部分群で G を含むもの，とする．$u=\sum u(s)s$ 及び $u'=\sum u'(s)s$ を，$uu'=1$ となる U の二元とする；u_i 及び u_i' を，それぞれ，$\tilde{\rho}_i$ による，End(W_i)に於ける，u 及び u' の像とする．

a) $\rho_i(s^{-1})u_i=\tilde{\rho}_i(s^{-1}u)$ の固有値は，1 の巾根であることを示せ．これより，各 $s\in\mathrm{G}$ 及び各 i に対し，

$$\mathrm{Tr}_{\mathrm{W}_i}(\rho_i(s^{-1})u_i)^* = \mathrm{Tr}_{\mathrm{W}_i}(u_i'\rho_i(s)) = \mathrm{Tr}_{\mathrm{W}_i}(\rho_i(s)u_i')$$

が成立すること，さらに命題 11 を用いて，$u(s)^*=u'(s^{-1})$ を得ること，を導け．

b) $\sum_{s\in\mathrm{G}}|u(s)|^2=1$ を示せ(a)を用いよ).

c) U は，**Z**[G]に含まれるものとする．このとき，$u(s)$ は整数である．$u(s)$ のうち，ただ一つのみが ± 1 に等しく，のこりは 0 であることを示せ．これより U は，$\pm t, t\in\mathrm{G}$，の形の元よりなる群，$\pm\mathrm{G}$，に含まれることを導け．

d) G は可換とする．**Z**[G]の乗法群の，任意の位数有限の元は，$\pm$G に含まれることを示せ(**ヒグマンの定理**).

6.3. C[G]の中心

これは，**C**[G]の元であって，**C**[G]の全ての元と(又は，同じことだが，G の全ての元と)交換可能なもの全体の集合である．

c を，G の共役類の一つとし，$e_c=\sum_{s\in c} s$ とおく．e_c 達が，**C**[G]の中心の基底をなすことは，すぐに確かめられる；従って，**C**[G]の中心は，h 次元である，ここで，h は，G の共役類の個数である，n° 2.5 参照．

$\rho_i:\mathrm{G}\to\mathbf{GL}(\mathrm{W}_i)$ を，指標 χ_i，次数 n_i の，G の既約表現とし，$\tilde{\rho}_i:\mathbf{C}[\mathrm{G}]\to\mathrm{End}(\mathrm{W}_i)$ を，対応する多元環間の準同型写像とする(n° 6.2 参照).

命題 12. 準同型写像 $\tilde{\rho}_i$ は，**C**[G]の中心(=Cent. **C**[G]，と書く)を，W_i の相似写像の集合の中に写像する．$u\in$ Cent. **C**[G]に対応する W_i の相似写像を

$x \longmapsto \omega_i(u)x$ とおけば，多元環の準同型写像 ω_i:Cent. $\mathbf{C}[\mathrm{G}] \to \mathbf{C}$ が定まる．今 $u=\sum u(s)s$ を，Cent. $\mathbf{C}[\mathrm{G}]$ の元とすれば

$$\omega_i(u) = \frac{1}{n_i}\mathrm{Tr}_{\mathrm{W}_i}(\tilde{\rho}_i(u)) = \frac{1}{n_i}\sum_{s\in\mathrm{G}} u(s)\chi_i(s).$$

これは，n° 2.5 命題 6 のいいかえにすぎない．

命題 13. 族 $(\omega_i)_{1\leqslant i\leqslant h}$ は，Cent. $\mathbf{C}[\mathrm{G}]$ から，多元環 $\mathbf{C}^h=\mathbf{C}\times\cdots\times\mathbf{C}$ の上への同型写像を定義する．

$\mathbf{C}[\mathrm{G}]$ を，$\mathrm{End}(\mathrm{W}_i)$ の積と同一視すれば，$\mathbf{C}[\mathrm{G}]$ の中心は，$\mathrm{End}(\mathrm{W}_i)$ の中心の積(直和)と同一視される．さて，$\mathrm{End}(\mathrm{W}_i)$ の中心は，相似写像全体である．従って，このようにして，Cent. $\mathbf{C}[\mathrm{G}]$ から，$\mathbf{C}\times\cdots\times\mathbf{C}$ の上への同型写像を得る．この同型写像が，命題 13 に述べたものであることは，すぐに，確かめられる．

練 習 問 題

1)　$p_i=\dfrac{n_i}{g}\sum_{s\in\mathrm{G}}\chi_i(s^{-1})s$ とおく．$p_i(1\leqslant i\leqslant h)$ は，Cent. $\mathbf{C}[\mathrm{G}]$ の基底をなすこと，及び $p_i{}^2=p_i$，$i\neq j$ ならば $p_ip_j=0$，$p_1+\cdots+p_h=1$，を得ることを示せ．これより n° 2.8 定理 8 の別証を導け．$\omega_i(p_j)=\delta_{ij}$ を示せ．

2)　Cent. $\mathbf{C}[\mathrm{G}]$ より $\mathbf{C}$ への任意の準同型写像は，ω_i の一つに等しいことを示せ．

6.4. 整元に関するまとめ

R を可換環とし，$x\in\mathrm{R}$ とする．x が，**Z 上整であるとは，**

$$x^n+a_1x^{n-1}+\cdots+a_n=0$$

となる整数 $n\geqslant 1$ 及び，$\mathbf{Z}$ の元 $a_1,\cdots,a_n$ が存在すること，をいう．

$\mathbf{Z}$ 上整である複素数は，**代数的整数**とよばれる．任意の 1 の巾根は，代数的整数である．$x\in\mathbf{Q}$ が，代数的整数ならば，$x\in\mathbf{Z}$ である；事実，もしそうでなければ，x を，p/q の形，ここで，$p,q\in\mathbf{Z}$，$q\geqslant 2$，p,q は互に素，と書ける；上の等式はこのとき，

$$p^n+a_1qp^{n-1}+\cdots+a_nq^n=0$$

を与え，これより，$p^n\equiv 0 \pmod{q}$，これは，p, q が互に素なることに矛盾する．

命題 14. x を可換環 R の元とする．次の性質は同値である：

i) x は $\mathbf{Z}$ 上整である．

ii) x で生成される R の部分環 $\mathbf{Z}[x]$ は，有限型の $\mathbf{Z}$-加群である．

iii) $\mathbf{Z}[x]$ を含む，R の有限型の部分加群が存在する．

ii), iii) の同値性は，$\mathbf{Z}$ がネター環であるから，"有限型の $\mathbf{Z}$-加群の部分加群がまた有限型である"，ということより得られる．一方，x が等式

$$x^n+a_1x^{n-1}+\cdots+a_n=0,\quad ここで,\ a_i\in\mathbf{Z},$$

を満たせば，R の，$1, x, \cdots, x^{n-1}$ で生成される部分 $\mathbf{Z}$-加群は，x による乗法で保たれ，従って $\mathbf{Z}[x]$ と一致する．これは，i)⇒ii) を示している．逆に ii) が成り立つとし，R_n を，R の，$1, x, \cdots, x^{n-1}$ で生成される部分 $\mathbf{Z}$-加群とする．R_n は増大列をなし，その和集合が $\mathbf{Z}[x]$ である；$\mathbf{Z}[x]$ は有限型であるから，従って，十分大きな n に対して，$\mathrm{R}_n=\mathbf{Z}[x]$ を得る；これは，x^n が，$1, x, \cdots, x^{n-1}$ の整数係数の 1 次結合であることを示す．これより i) を得る．

系 1. R を，有限型の $\mathbf{Z}$-加群とすると，R の各元は，$\mathbf{Z}$ 上整である．

これは，iii)⇒i) の関係から得られる．

系 2. $\mathbf{Z}$ 上整である R の元全体は，R の部分環をなす．

$x, y\in\mathrm{R}$ とする；x, y が $\mathbf{Z}$ 上整ならば，環 $\mathbf{Z}[x]$ 及び $\mathbf{Z}[y]$ は，$\mathbf{Z}$ 上有限型である．そのときには，そのテンソル積 $\mathbf{Z}[x]\otimes\mathbf{Z}[y]$ 及び，その R に於ける像 $\mathbf{Z}[x, y]$ についても同様である．従って，$\mathbf{Z}[x, y]$ の全ての元は，$\mathbf{Z}$ 上整である．

注意. 上の定義及び結果に於て，$\mathbf{Z}$ を，任意の，可換ネター環でおきかえることが出来る；i)⇔ii) の同値性には，ネター環であるという仮定さえも，不用である．

6.5. 指標の整数性，応用

命題 15. χ を，有限群 G の表現 ρ の指標とする．各 $s\in G$ に対し，$\chi(s)$ は代数的整数である．

事実，$\chi(s)$ は $\rho(s)$ のトレースであり，従って，$\rho(s)$ の固有値，これは 1 の巾根である，の和である．

命題 16. $u=\sum u(s)s$ を，Cent. $\mathbf{C}[G]$ の元とし，かつ，全ての $u(s)$ は，代数的整数とする．このとき，u は，$\mathbf{Z}$ 上整である．

(Cent. $\mathbf{C}[G]$ は可換環であるから，この主張は意味がある．)

$c_i\,(1\leqslant i\leqslant h)$ を，G の共役類の全体とし，$e_i=\sum_{s\in c_i} s$ とおく，n° 6.3 参照．$s_i\in c_i$ とすると，u を，$u=\sum_{i=1}^{i=h} u(s_i)e_i$ の形に書くことが出来る．命題 14，系 2 により，従って，各 e_i が $\mathbf{Z}$ 上整であることを示せば十分である．しかし，それぞれの積 e_ie_j が，e_k 達の整数係数の一次結合であることは明らかである．従って，Cent. $\mathbf{C}[G]$ の部分群 $R=\mathbf{Z}e_1\oplus\cdots\oplus\mathbf{Z}e_h$ は，部分環である．これは $\mathbf{Z}$ 上有限型だから，その全ての元は，$\mathbf{Z}$ 上整である(命題 14，系 1)．これより求める結果を得る．

系 1. ρ を，G の既約表現とし，その次数を n，指標を χ とする．数 $\frac{1}{n}\sum_{s\in G}u(s)\chi(s)$ は代数的整数である．

事実，この数は，ρ に対応する準同型写像(命題 12 参照)

$$\omega:\text{Cent.}\,\mathbf{C}[G]\to\mathbf{C}$$

による，u の像である．u は $\mathbf{Z}$ 上整であるから，その ω による像についても同様である．

系 2. G の既約表現の次数は，G の位数の約数である．

系 1 の記号を再び用いる．g を G の位数とする．系 1 を元 $u=\sum_{s\in G}\chi(s^{-1})s$ に適用しよう．χ は中心的函数であり，$\chi(s)$ は代数的整数である(命題 15)から，系 1 を適用することができる．これより，数

$$\frac{1}{n}\sum_{s\in G}\chi(s^{-1})\chi(s)=\frac{g}{n}\langle\chi,\chi\rangle=\frac{g}{n}$$

が代数的整数であることが結論される．この数は有理数だから，従って $\mathbf{Z}$ に属する，すなわち n は，g を割りきることになる．

系 2 を幾分強めることが出来る（n° 8.1，命題 24 系参照）．次の命題は，この方向への最初の結果である．

命題 17. C を，G の中心とする．G の既約表現の次数は，(G:C) の約数である．

g を，G の位数，c を C の位数とし，ρ:G → **GL**(W) を，G の n 次の既約表現とする．$s\in C$ ならば，$\rho(s)$ は，全ての $\rho(t)$，$t\in G$，と可換である．シューアの補題により，従って，$\rho(s)$ は相似写像である；これを $\lambda(s)$ と書くと，写像 $\lambda:s\longmapsto\lambda(s)$ は，C より $\mathbf{C}^*$ のなかへの準同型写像である．m を整数 $\geqslant 0$ とし，表現 ρ の m 階のテンソル積

$$\rho^m:G^m\ \rightarrow\ \mathbf{GL}(W\otimes\cdots\otimes W)$$

をつくる；これは群 $G^m=G\times\cdots\times G$ の既約表現である（n° 3.2，定理 10）．C^m の元 $(s_1,\cdots,s_m)$ の，ρ^m による像は，比 $\lambda(s_1\cdots s_m)$ の相似写像である．C^m の，$s_1\cdots s_m=1$ となる元 $(s_1,\cdots,s_m)$ 全体よりなる部分群 H は，従って，$W\otimes\cdots\otimes W$ 上に自明に作用し，これより商群にうつって，G^m/H の既約表現を得る．命題 16，系 2 により，この表現の次数 n^m は，G^m/H の位数 g^m/c^{m-1} を割ることがわかる．従って，各 m に対し，$(g/cn)^m\in c^{-1}\mathbf{Z}$ であり，これより確かに，g/cn が整数であることが導かれる（例えば，命題 14 を参照）．

（この証明は，J. Tate による．）

練習問題

1） 環 $\mathbf{Z}e_1\oplus\cdots\oplus\mathbf{Z}e_h$ が，$\mathbf{Z}$[G] の中心であることを示せ．

2） ρ を，G の既約表現とし，その次数を n，指標を χ とする．$s\in G$ ならば，$|\chi(s)|\leqslant n$ であること，及び等号は，$\rho(s)$ が相似写像であるとき，かつそのときに限って，おこること，を示せ．（$\rho(s)$ は，1 の巾根 n 個の和であることに注意

せよ.）これより，$\rho(s)=1 \Leftrightarrow \chi(s)=n$，を導け.

3) $\lambda_1, \cdots, \lambda_n$ を，1 の巾根とし，$a=\frac{1}{n}\sum \lambda_i$ とする．a が代数的整数ならば，$a=0$ であるか，又は $\lambda_1=\cdots=\lambda_n=a$ であることを示せ.（A を，a の，$\mathbf{Q}$ 上の共役の積とする；$|\mathrm{A}|\leqslant 1$ が示されよう.）

4) ρ を G の既約表現とし，その次数を n，指標を χ とする．$s\in \mathrm{G}$ とし，$c(s)$ を s の共役類の元の個数とする．$\frac{c(s)}{n}\chi(s)$ は，代数的整数であることを示せ.（u として，s の共役元の和をとり，命題 16，系 1 を用いよ.）$c(s)$ と n とが互に素であり，かつ $\chi(s)\neq 0$ ならば，$\rho(s)$ は相似写像であることを示せ.（$\frac{1}{n}\chi(s)$ は代数的整数であることに注意し，練習問題 3 を用いよ.）

5) $s\in \mathrm{G}$，$s\neq 1$ とする．s の共役類の元の個数 $c(s)$ は，素数 p の巾であると仮定する．このとき，単位指標と異なる既約指標 χ であって，$\chi(s)\neq 0$，かつ $\chi(1)\not\equiv 0\ (\mathrm{mod.}\, p)$ となるもの，が存在することを示せ.（公式 $1+\sum_{\chi\neq 1}\chi(1)\chi(s)=0$，命題 5，系 2 参照，を用いよ；これより，求める型の指標 χ が存在しなければ，数 $1/p$ は代数的整数となることを導け.）ρ を，指標 χ の表現とする；$\rho(s)$ は，相似写像であることを示せ(練習問題 4 を用いよ)．これより，ρ の核を N とすると，$\mathrm{N}\neq \mathrm{G}$ であり，s の G/N に於ける像は，G/N の中心に属することを示せ.

7. 誘導表現；マッキーの判定条件

7.1. 復　習

Hを，群Gの部分群とし，Hを法とする左剰余類の代表系の一つをRとする．Vを**C**[G]-加群とし，WをVの部分**C**[H]-加群とする．加群V(又は表現V)が，Wより誘導される，とは，$V=\bigoplus_{s\in R} sW$ が成り立つこと，すなわちVが，Wを変換した$sW, s\in R$, 達の直和であること(これはRの選択には依存しない条件である)，であった(n° 3.3参照)．この性質を，次のようにいいかえることが出来る：$W'=\mathbf{C}[G]\otimes_{\mathbf{C}[H]}W$ を，Wの係数を，**C**[H]から**C**[G]に拡張して得られる**C**[G]-加群とする．埋め込み写像 $W\to V$ は線型性により，**C**[G]-準同型写像 $i\colon W'\to V$ に拡張される．

命題18. VがWより誘導されるための必要十分条件は，準同型写像

$$i:\mathbf{C}[G]\otimes_{\mathbf{C}[H]}W \to V$$

が，同型写像なること，である．

これは，**C**[G]を右**C**[H]-加群とみなすとき，Rの元が，**C**[G]の基底をなすということより得られる．

注意． 1) Wより誘導される表現のこの特徴づけにより，その存在と一意性(n° 3.3，定理11参照)は明らかとなる．

以下，Wより誘導されるGの表現を，$\mathrm{Ind}_H^G(W)$と，又はG及びHについて混乱をおこすおそれがないときは単に$\mathrm{Ind}(W)$と，あらわす．

2) VがWより誘導されるとし，Eを**C**[G]-加群とする．このとき標準的

な同型写像

$$\mathrm{Hom}^{\mathrm{H}}(\mathrm{W},\mathrm{E}) \simeq \mathrm{Hom}^{\mathrm{G}}(\mathrm{V},\mathrm{E})$$

が存在する．ここで，$\mathrm{Hom}^{\mathrm{G}}(\mathrm{V},\mathrm{E})$は，VよりEへの$\mathbf{C}[\mathrm{G}]$-準同型写像全体のなすベクトル空間をあらわし，$\mathrm{Hom}^{\mathrm{H}}(\mathrm{W},\mathrm{E})$も同様に定義される．これは，テンソル積の基本的な性質の一つから得られる(n° 3.3，補題1をもみよ)．

3) 誘導表現をつくる操作は，推移的である：Gが群Kの部分群ならば，

$$\mathrm{Ind}_{\mathrm{G}}^{\mathrm{K}}(\mathrm{Ind}_{\mathrm{H}}^{\mathrm{G}}(\mathrm{W})) \simeq \mathrm{Ind}_{\mathrm{H}}^{\mathrm{K}}(\mathrm{W})$$

を得る．これは，直接にも，あるいはテンソル積の結合律を用いても，示すことが出来る．

命題 19. Vを$\mathbf{C}[\mathrm{G}]$-加群とする．Vは部分ベクトル空間の直和$\mathrm{V}=\bigoplus_{i\in\mathrm{I}}\mathrm{W}_i$に分解し，さらにこれらの部分空間達は，Gにより可移に置換されるものとする．$i_0\in\mathrm{I}$，$\mathrm{W}=\mathrm{W}_{i_0}$とし，HをWを保つGの部分群(すなわち，$s\mathrm{W}=\mathrm{W}$なる$s\in\mathrm{G}$全体の集合)とする．このとき，WはHで安定となり，さらに$\mathbf{C}[\mathrm{G}]$-加群Vは，$\mathbf{C}[\mathrm{H}]$-加群Wより誘導される．

これは明らかである．

注意. 命題19を，Gの既約表現$\mathrm{V}=\bigoplus\mathrm{W}_i$に適用するときには，$\mathrm{W}_i$達がGによりそれらの間で置換されることさえ確かめれば十分である；そのとき可移性の条件は自然に成り立つのである．何故なら，W_iのなす集合に於けるGの各軌道は，Vの部分表現を定義するからである．

例. W_iが1次元のとき，表現Vは**単項**であるという．

7.2. 誘導表現の指標；相互律の公式

前の記号をそのまま用いよう．fをH上の中心的函数とするとき，次式で定義されるG上の函数f'を考えよう：

$$f'(s)=\frac{1}{h}\sum_{\substack{t\in\mathrm{G}\\ t^{-1}st\in\mathrm{H}}} f(t^{-1}st),\quad ここで\quad h=\mathrm{Card}(\mathrm{H}).$$

f' は f より**誘導される**という；表現の時と同様に，f' を $\mathrm{Ind}_{\mathrm{H}}^{\mathrm{G}}(f)$ 又は $\mathrm{Ind}(f)$ とあらわす.

命題 20. i) 函数 $\mathrm{Ind}(f)$ は，G 上の中心的函数である.

ii) f が H の表現 W の指標ならば，$\mathrm{Ind}(f)$ は，G に誘導された表現 Ind(W) の指標である.

主張 ii) は既に証明した(n° 3.3, 定理 12). 主張 i) は直接計算により証明するか，あるいは任意の中心的函数は指標の一次結合であることに注意して，ii) より導かれる.

φ_1, φ_2 を G 上の中心的函数とするとき

$$\langle\varphi_1, \varphi_2\rangle = \frac{1}{g}\sum_{s\in \mathrm{G}}\varphi_1(s^{-1})\varphi_2(s),\quad \text{ここで，} g=\mathrm{Card(G)},$$

とおいたのであった，n° 2.2 参照；群 G をはっきり示したいときは，$\langle\varphi_1, \varphi_2\rangle$ の代りに $\langle\varphi_1, \varphi_2\rangle_{\mathrm{G}}$ と書く.

他方，$\mathrm{V}_1, \mathrm{V}_2$ を $\mathbf{C}[\mathrm{G}]$-加群とするとき，

$$\langle \mathrm{V}_1, \mathrm{V}_2\rangle_{\mathrm{G}} = \dim.\, \mathrm{Hom}^{\mathrm{G}}(\mathrm{V}_1, \mathrm{V}_2)$$

とおく.

補題 2. φ_1, φ_2 をそれぞれ $\mathrm{V}_1, \mathrm{V}_2$ の指標とすると，

$$\langle\varphi_1, \varphi_2\rangle_{\mathrm{G}} = \langle \mathrm{V}_1, \mathrm{V}_2\rangle_{\mathrm{G}}.$$

V_1 及び V_2 を直和に分解することにより，それらが既約であると仮定することができる. この場合には，補題は指標の直交関係の公式より得られる(n° 2.3, 定理 3).

最後に，φ 及び V を，それぞれ，G 上の函数，G の表現とするとき，$\mathrm{Res}\,\varphi$ 及び Res V により，それぞれの部分群 H への**制限**をあらわすことにする.

定理 13(フロベニウスの相互律の公式). ψ を H 上の中心的函数，φ を G 上の中心的函数とすると，次式が成り立つ.

$$\langle\psi, \mathrm{Res}\,\varphi\rangle_{\mathrm{H}} = \langle \mathrm{Ind}\,\psi, \varphi\rangle_{\mathrm{G}}$$

任意の中心的函数は指標の一次結合であるから，ψ はある $\mathbf{C}[\mathrm{H}]$-加群 W の指標，φ はある $\mathbf{C}[\mathrm{G}]$-加群 E の指標，であると仮定することが出来る．補題2により，次式を証明すればよいことになる：

$$(*) \qquad \langle \mathrm{W}, \mathrm{Res}\,\mathrm{E}\rangle_{\mathrm{H}} = \langle \mathrm{Ind}\,\mathrm{W}, \mathrm{E}\rangle_{\mathrm{G}}\,,$$

すなわち，

$$\dim.\,\mathrm{Hom}^{\mathrm{H}}(\mathrm{W}, \mathrm{Res}\,\mathrm{E}) = \dim.\,\mathrm{Hom}^{\mathrm{G}}(\mathrm{Ind}\,\mathrm{W}, \mathrm{E}).$$

この式は，n° 7.1 の注意2より（又は同じことであるが n° 3.3 補題1より）得られる．

もちろん，定理13を，直接計算により証明することも可能である．

注意． 1) 定理13は，写像 Res 及び Ind が，互に他の**随伴**であることをあらわしている．

2) 双一次形式 $\langle\alpha, \beta\rangle$ の代りに，n° 2.3 で定義した内積 $(\alpha|\beta)$ を用いることも出来る．同じ形の公式が成り立つ：

$$(\psi|\mathrm{Res}\,\varphi)_{\mathrm{H}} = (\mathrm{Ind}\,\psi|\varphi)_{\mathrm{G}}\,.$$

3) あわせて次の式をのべよう．これはしばしば有用である．

$$\mathrm{Ind}(\psi.\mathrm{Res}\,\varphi) = \mathrm{Ind}\,\psi.\varphi.$$

これは，単純な計算により確かめるか，又は，公式 $\mathrm{Ind}(\mathrm{W})\otimes\mathrm{E}\simeq\mathrm{Ind}(\mathrm{W}\otimes\mathrm{Res}\,\mathrm{E})$ より導く，n° 3.3，例5参照．

命題21． W を H の既約表現，E を G の既約表現とする．W が Res E にあらわれる回数は，E が Ind W にあらわれる回数に等しい．

これは定理13を，W の指標 ψ 及び E の指標 φ に適用して得られる．（直接に，公式(*)を適用することも出来る．）

練習問題

1) （誘導表現の概念の一般化）$\alpha:\mathrm{H}\to\mathrm{G}$ を群の準同型写像（必ずしも一対一でない）とし，$\tilde{\alpha}:\mathbf{C}[\mathrm{H}]\to\mathbf{C}[\mathrm{G}]$ を，対応する準同型写像とする．E が $\mathbf{C}[\mathrm{G}]$-加群のとき，$\mathrm{Res}_\alpha\,\mathrm{E}$ により，$\tilde{\alpha}$ によって E より導かれる $\mathbf{C}[\mathrm{H}]$-加群をあらわす；

φ が E の指標ならば，Res_α E の指標は，$\mathrm{Res}_\alpha\varphi=\varphi\circ\alpha$ である．W が $\mathbf{C}[\mathrm{H}]$-加群のとき，$\mathbf{C}[\mathrm{G}]$-加群 $\mathbf{C}[\mathrm{G}]\otimes_{\mathbf{C}[\mathrm{H}]}\mathrm{W}$ を，$\mathrm{Ind}_\alpha\mathrm{W}$ とあらわす．ψ を W の指標とするとき，$\mathrm{Ind}_\alpha\mathrm{W}$ の指標を，$\mathrm{Ind}_\alpha\psi$ と書く．

a) このときもやはり相互律の公式

$$\langle\psi,\mathrm{Res}_\alpha\varphi\rangle_{\mathrm{H}}=\langle\mathrm{Ind}_\alpha\psi,\varphi\rangle_{\mathrm{G}}$$

が成り立つことを示せ．

b) α が上への写像であると仮定する．G を，α の核 N による H の商群と同一視する．$\mathrm{Ind}_\alpha\mathrm{W}$ は，G=H/N を，W の N で不変な元全体よりなる部分空間に作用させて得られる加群に，同型であることを示せ．これより，公式

$$(\mathrm{Ind}_\alpha\,\psi)(s)=\frac{1}{n}\sum_{\alpha(t)=s}\psi(t),\quad \text{ここで}\quad n=\mathrm{Card}(\mathrm{N}),$$

を導け．

2) H を G の部分群とし，χ を G/H の置換表現の指標とする（n° 1.2 参照）．$\chi=\mathrm{Ind}_{\mathrm{H}}^{\mathrm{G}}(1)$ であること，及び $\psi=\chi-1$ は，G のある表現の指標であること，を示せ；ψ に対応する表現が，どのような条件のもとで既約になるかを決定せよ．（n°2.3 の練習問題 2 を用いるか，又は直接に相互律の公式を用いよ．）

3) H を，G の部分群とする．各 $t\notin\mathrm{H}$ に対し，$\mathrm{H}\cap t\mathrm{H}t^{-1}=\{1\}$ が成り立つものと仮定する．このとき，H は G の**フロベニウス部分群**であるという．H のどの元とも共役にならぬ G の元全体の集合を N とする．

a) $g=\mathrm{Card}(\mathrm{G})$，$h=\mathrm{Card}(\mathrm{H})$ とする．N の元の数は，$g/h-1$ であることを示せ．

b) f を，H 上の中心的函数とする．G 上の中心的函数であって f の拡張であり，N 上での値が $f(1)$ となるもの，がただ一つ存在することを示せ．これを $\tilde{f}$ であらわす．

c) $\tilde{f}=\mathrm{Ind}_{\mathrm{H}}^{\mathrm{G}}f-f(1)\psi$ を示せ，ただし ψ は，G の指標 $\mathrm{Ind}_{\mathrm{H}}^{\mathrm{G}}(1)-1$ とする．練習問題 2 参照．

d) $\langle f_1,f_2\rangle_{\mathrm{H}}=\langle\tilde{f}_1,\tilde{f}_2\rangle_{\mathrm{G}}$ を示せ．

e) f として，H の既約指標をとる．c) 及び d) を用いて，$\langle\tilde{f},\tilde{f}\rangle_{\mathrm{G}}=1$，$\tilde{f}(1)$

$\geqslant 0$ 及び $\tilde{f}$ はGの既約指標の整数係数の一次結合であること，を示せ．これより $\tilde{f}$ は，Gの既約指標であることを導け．ρ を対応するGの表現とするとき，各 $s \in \mathrm{N}$ に対し $\rho(s)=1$ が成り立つことを示せ(n° 6.5の練習問題2を用いよ)．

f) Hの任意の線型表現は，その核がNを含むGの線型表現に拡張されることを示せ．これより，$\mathrm{N} \cup \{1\}$ は，Gの正規部分群であること，及びGは，Hと，$\mathrm{N} \cup \{1\}$ との半直積であることを導け(《**フロベニウスの定理**》)．

g) 逆に，Gを，Hと正規部分群Aとの半直積とする．HがGのフロベニウス部分群であるための必要十分条件は，各 $s \in \mathrm{H}-\{1\}$ 及び各 $t \in \mathrm{A}-\{1\}$ に対し，$sts^{-1} \neq t$ が成り立つこと(すなわち，Hが $\mathrm{A}-\{1\}$ 上自由に作用すること)，を示せ．($\mathrm{H} \neq \{1\}$ ならば，この性質より，トンプソンの一定理によって，Aは巾零であることが導かれる．)

7.3. 部分群への制限

H及びKを，Gの部分群とし，$\rho: \mathrm{H} \to \mathbf{GL}(\mathrm{W})$ をHの線型表現とする．$\mathrm{V}=\mathrm{Ind}_{\mathrm{H}}^{\mathrm{G}}(\mathrm{W})$ を，対応するGの誘導表現とする．VのKへの制限 $\mathrm{Res}_{\mathrm{K}} \mathrm{V}$ を決定しよう．

まず，Gの(H, K)を法とする**両側剰余類**の代表の集合Sを一つ選ぼう；これはGが，$\mathrm{K}s\mathrm{H}$ $(s \in \mathrm{S})$ の和集合であり，かつ $\mathrm{K}s\mathrm{H}$ 達が互に共通部分をもたないことを意味する．(s がこのような代表系上を動くことを $s \in \mathrm{K}\backslash\mathrm{G}/\mathrm{H}$ とも書く．)
$s \in \mathrm{S}$ の時，$\mathrm{H}_s = s\mathrm{H}s^{-1} \cap \mathrm{K}$ とおく；これは，Kの部分群である．

$$x \in \mathrm{H}_s \text{ に対し，} \rho^s(x) = \rho(s^{-1}xs),$$

とおけば，準同型写像 $\rho^s: \mathrm{H}_s \to \mathbf{GL}(\mathrm{W})$ を得る；すなわちこれは，H_s の線型表現であり，これを W_s とあらわすことにする．H_s はKの部分群だから，誘導表現 $\mathrm{Ind}_{\mathrm{H}_s}^{\mathrm{K}}(\mathrm{W}_s)$ が定義される．

命題 22. 表現 $\mathrm{Res}_{\mathrm{K}} \mathrm{Ind}_{\mathrm{H}}^{\mathrm{G}}(\mathrm{W})$ は，$s \in \mathrm{K}\backslash\mathrm{G}/\mathrm{H}$ に対する $\mathrm{Ind}_{\mathrm{H}_s}^{\mathrm{K}}(\mathrm{W}_s)$ 達の直和に同型である．

VがWを$x \in G/H$によって変換したxW達の直和であることは，知られている．$s \in S$とし，$x \in KsH$に対するxW達から生成されたVの部分空間を$V(s)$とする；空間Vは，$V(s)$の直和である．$V(s)$がKで保たれることは明らかである．従って，$V(s)$が$\mathrm{Ind}_{H_s}^{K}(W_s)$にK-同型であることが示されればそれで証明が終る．ところで，$x(sW)=sW$となる元x全体のなすKの部分群は，明らかにH_sに等しく，$V(s)$は$x(sW)$，$x \in K/H_s$の直和である．従って，$V(s)=\mathrm{Ind}_{H_s}^{K}(sW)$を得る．あとはただ，$sW$が$W_s$に$H_s$-同型であることを確かめることが残るが，これはすぐにわかる．実際同型写像は$s: W_s \to sW$により与えられる．

注意． $V(s)$は，sの$K\backslash G/H$に於ける像，すなわちsの属する両側剰余類KsHにのみ依存する．従って，表現$\mathrm{Ind}_{H_s}^{K}(W_s)$は，(同型を除いて)$s$の両側剰余類にのみ依存することが同時にわかる．

7.4. マッキーの既約性の判定条件

上にのべたことを，K=Hの場合に適用しよう．$s \in G$のとき，Hの部分群$sHs^{-1} \cap H$をやはりH_sであらわす；Hの表現ρは，H_sに制限することにより，表現$\mathrm{Res}_s(\rho)$を定義するが，これを前の節で定義した表現ρ^sと混同しないように注意しよう．

命題 23. 誘導表現$V=\mathrm{Ind}_H^G W$が既約であるための必要十分条件は，次の二つの条件が満足されることである：

a) Wは既約である．

b) 各$s \in G-H$に対し，H_sの二つの表現ρ^sと$\mathrm{Res}_s(\rho)$とは共通部分がない．

(同じ群Kの二つの表現V_1及びV_2が**共通部分がない**とは，これらが共通の既約成分をもたないこと，あるいは同じことだが，$\langle V_1, V_2\rangle_K=0$なること，をいう．)

Vが既約であるための必要十分条件は，$\langle V, V\rangle_G=1$である．さて，フロベニウスの相互律の公式により次式を得る：

$$\langle \mathrm{V}, \mathrm{V}\rangle_{\mathrm{G}} = \langle \mathrm{W}, \mathrm{Res}_{\mathrm{H}}\mathrm{V}\rangle_{\mathrm{H}}.$$

一方，n° 7.3 により

$$\mathrm{Res}_{\mathrm{H}}\mathrm{V} = \bigoplus_{s\in \mathrm{H}\backslash \mathrm{G}/\mathrm{H}} \mathrm{Ind}_{\mathrm{H}_s}^{\mathrm{H}}(\rho^s)$$

を得る．再度フロベニウスの公式を用いて，これより次式が導かれる：

$$\langle \mathrm{V}, \mathrm{V}\rangle_{\mathrm{G}} = \sum_{s\in \mathrm{H}\backslash \mathrm{G}/\mathrm{H}} d_s, \quad \text{ここで} \quad d_s = \langle \mathrm{Res}_s(\rho), \rho^s\rangle_{\mathrm{H}_s}.$$

$s=1$ に対しては，$d_s=\langle \rho, \rho\rangle \geqslant 1$ を得る．$\langle \mathrm{V}, \mathrm{V}\rangle_{\mathrm{G}}=1$ となるためには従って，$d_1=1$ しかも $s\neq 1$ に対して(両側剰余類として——すなわち $s\notin \mathrm{H}$ に対して) $d_s=0$ となること，が必要十分である．これはまさに条件 a)及び b)である．

系．H は G の正規部分群とする．$\mathrm{Ind}_{\mathrm{H}}^{\mathrm{G}}(\rho)$ が既約であるためには，ρ が既約であり，かつ ρ は，$s\notin \mathrm{H}$ に対する ρ のどの共役 ρ^s とも同型にならぬこと，が必要十分である．

事実，このときには，$\mathrm{H}_s=\mathrm{H}$，$\mathrm{Res}_s(\rho)=\rho$ が成り立つ．

練 習 問 題

k を有限体，$\mathrm{G}=\mathbf{SL}_2(k)$ (すなわち行列式$=1$ なる k 上の 2 次行列全体のなす群)とし，H を，G 中の行列 $\begin{pmatrix} a & b \\ c & d \end{pmatrix}$ で $c=0$ なるもの全体よりなる部分群とする．ω を k^* より $\mathbf{C}^*$ への準同型写像とし，χ_ω を，

$$\chi_\omega\left(\begin{pmatrix} a & b \\ 0 & d \end{pmatrix}\right) = \omega(a)$$

によって定義される H の 1 次の指標とする．

$\omega^2\neq 1$ ならば，χ_ω より誘導される G の表現は既約であることを示せ．

8. 誘導表現の例

8.1. 正規部分群；既約表現の次数への応用

命題24. Aを群Gの正規部分群とし，ρ:G→**GL**(V)をGの既約表現とする．このとき，次のa)又はb)が成り立つ．

a) 次のようなGの部分群H及びHの既約表現σが存在する：HはGと異なり，Aを含む．そして表現ρは，σより誘導される．

b) ρのAへの制限は，等型である．

(表現は，それが互に同型な既約表現の直和であるとき，**等型**という．)

$V=\sum V_i$を，(Aに制限した)表現ρの等型な表現の直和への標準分解とする(n° 2.6参照)．$s\in G$とすると，$V=\sum \rho(s)V_i$は，$sAs^{-1}=A$に制限した表現ρの，等型な成分への標準分解となる．従って$\rho(s)$はV_i達を置換する．Vは既約であるから，零でないV_iは，Gの下で可移に置換されることがわかる．V_{i_0}をそれらのうちの一つとする；V_{i_0}がVに等しければ，b)の場合である．そうでなければ，$\rho(s)V_{i_0}=V_{i_0}$となる$s\in G$全体のなすGの部分群をHとする．$A\subset H$, $H\neq G$が成り立ち，ρはHのV_{i_0}に於ける自然な表現σより誘導される；これがa)の場合である．

注意． Aが可換の場合，b)は，各$a\in A$に対し$\rho(a)$が相似写像である，ということと同値である．

系． AをGの可換な正規部分群とする．Gの任意の既約表現ρの次数は，AのGに於ける指数(G:A)の約数である．

Gの位数に関する帰納法により論ずる．前の命題のa)の場合には，帰納法の仮定よりσの次数は，(H:A)の約数であり，これに(G:H)を掛けることによって，ρの次数は(G:A)の約数であることがわかる．b)の場合には，$G'=\rho(G)$, $A'=\rho(A)$とおく；標準写像$G/A \to G'/A'$は上への写像であるから，$(G':A')$は(G:A)の約数である．他方上の注意よりA'の元は相似写像であることがわかり，従ってG'の中心に含まれる．n°6.5の命題17により，ρの次数は指数$(G':A')$の約数であることがわかり，従って当然(G:A)の約数である．

注意． AをGの可換部分群(必ずしも正規でない)とすると，もはや$\deg(\rho)$が，(G:A)の約数であるということは一般には真でない．しかし，どんなときにも，$\deg(\rho)\leqslant(G:A)$は成立する，n°3.1，定理9の系参照．

8.2. 可換群による半直積

A, HをGの二つの部分群とし，Aは正規部分群であるとする．次の仮定をしよう：

i) Aは可換である．

ii) Gは，HのAによる半直積である．

(ii)は，$G=A.H$及び$A\cap H=\{1\}$を意味するのであった．これはまた，Gの各元は一意的に積ah，ここで$a\in A$，$h\in H$とする，と書けるということと同じである．)

このとき，Gの既約表現は，Hの適当な部分群の既約表現から構成することが出来ることを示そう．(これは，ウィグナー(Wigner)による《**小さな群**》の**方法**である．)

Aは可換だから，その既約指標は1次であり，それらの全体は群$X=\mathrm{Hom}(A, \mathbf{C}^*)$をなす．群Gは，

$$({}^s\chi)(a) = \chi(s^{-1}as), \quad ここで \quad s\in G, \ \chi\in X, \ a\in A,$$

によりXに作用する．$(\chi_i)_{i\in X/H}$を，Xに於けるHの軌道の代表系とする．各

$i \in X/H$ に対し，H_i を，${}^h\chi_i=\chi_i$ となる元 h 全体よりなる H の部分群とし，$G_i=A.H_i$ を，G の対応する部分群とする．函数 χ_i を，

$$\chi_i(ah)=\chi_i(a),\text{ ここで }\ a\in A,\ h\in H_i,$$

とおいて，G_i に拡張する．各 $h\in H_i$ に対し，${}^h\chi_i=\chi_i$，なる事実を用いると，χ_i は G_i の1次の指標であることがわかる．他方，ρ を H_i の既約表現とする．ρ と標準射影 $G_i\to H_i$ とを合成して，ρ より G_i の既約表現 $\tilde{\rho}$ が導かれる．最後に，χ_i と $\tilde{\rho}$ とのテンソル積をつくり G_i の既約表現 $\chi_i\otimes\tilde{\rho}$ を得る；$\theta_{i,\rho}$ を，$\chi_i\otimes\tilde{\rho}$ から誘導された G の表現とする．

命題 25. a) $\theta_{i,\rho}$ は既約である．

b) $\theta_{i,\rho}$ と $\theta_{i',\rho'}$ とが同型ならば，$i=i'$ かつ ρ と ρ' とは同型である．

c) G の任意の既約表現は，ある $\theta_{i,\rho}$ に同型である．

(従って，G の全ての既約表現が得られた.)

a)をマッキーの判定条件(n° 7.4, 命題 23)より導く．そのために，$s\notin G_i=A.H_i$ とし，$K_s=G_i\cap sG_is^{-1}$ とする．次のことを示さなければならない：$x\longmapsto x$ 及び $x\longmapsto s^{-1}xs$ で定義される二つの埋め込み写像 $K_s\to G_i$ と，G_i の表現 $\chi_i\otimes\tilde{\rho}$ とを合成して得られる K_s の二つの表現は，共通部分がない．このためには，これらの表現の，K_s の部分群 A への制限が共通部分がないことを確かめれば十分である．さて，A に制限すると，最初のものは χ_i の何倍かになり，第二のものは，${}^s\chi_i$ の何倍かである；$s\notin A.H_i$ であるから，${}^s\chi_i\neq\chi_i$ を得，問題の二つの表現は確かに共通部分がない．

b)を証明しよう．まず第一に，$\theta_{i,\rho}$ の A への制限には，χ_i の軌道 ${}^H\chi_i$ に属する指標 χ しかあらわれない．これは，$\theta_{i,\rho}$ が i を決めることを示す．さらに，W を表現 $\theta_{i,\rho}$ の空間とし，W_i を χ_i に対応する部分空間(すなわち，各 $a\in A$ に対し，$\theta_{i,\rho}(a)x=\chi_i(a)x$ となる $x\in W$ の集合)とする．部分空間 W_i は，H_i で保たれ，H_i の W_i に於ける表現は ρ に同型であることがすぐに確かめられる；これより $\theta_{i,\rho}$ が ρ をきめることがわかる．

最後に，$\sigma:G\to\mathbf{GL}(W)$ を，G の既約表現とする．$W=\bigoplus_{\chi\in X}W_\chi$ を，$\mathrm{Res}_A W$

の標準分解とする．W_χ のうちすくなくとも一つは0でない；さらに $s\in G$ とすると，$\sigma(s)$ は W_χ を $W_{s(\chi)}$ に変換する．これより $W_{\chi_i}\neq 0$ となる $i\in X/H$ がすくなくとも一つ存在することが導かれる．群 H_i は，W_{χ_i} をそれ自身のなかにうつす；W_i を，W_{χ_i} の既約な部分 $\mathbf{C}[H_i]$-加群とし，ρ を対応する H_i の表現とする．$G_i=A.H_i$ の W_i に於ける表現が $\chi_i\otimes\tilde{\rho}$ に同型なことは明らかである．よって，σ の G_i への制限は，すくなくとも1回 $\chi_i\otimes\tilde{\rho}$ を含む．命題21により，σ は誘導表現 $\theta_{i,\rho}$ のなかにすくなくとも1回はあらわれる；$\theta_{i,\rho}$ は既約であるから，これより σ 及び $\theta_{i,\rho}$ は同型であることが導かれ，c)が証明される．

練習問題

1)　a, h, h_i をそれぞれ A, H, H_i の位数とする．$a=\sum h/h_i$ を示せ．i を固定したとき，表現 $\theta_{i,\rho}$ の次数の平方の和は，h^2/h_i であることを示せ．これより c) の別証を導け．

2)　命題25を用いて，群 D_n, $\mathfrak{A}_4$ 及び $\mathfrak{S}_4$ の既約表現を，あらためてみつけよ (§5参照).

8.3. 有限群の二, 三の類に関するまとめ

(この節及び次の節の結果について，さらに詳しくは，ブルバキ(Bourbaki)著，代数，第1章，§7をみよ.)

可解群　G が可解であるとは，次の条件を満たす G の部分群の列

$$\{1\} = G_0 \subset G_1 \subset \cdots \subset G_n = G,$$

が存在することをいう：各 G_{i-1} は G_i で正規であり，$1\leqslant i\leqslant n$ に対し，G_i/G_{i-1} は可換である．

(同値な定義：G は群{1}より出発して，**核が可換な拡大**[訳注]を有限回行なって得られる.)

訳注　群 G の正規部分群 A による商群 G/A が群 H に同型であるとき，群 G を群 H の拡大であるといい，A をその核という．A が可換ならば，核が可換な拡大である．また次に出て来る中心拡大とは，A が G の中心に含まれる場合をいう．

超可解群. 同じ条件だが，さらにG_iがG全体で正規であり，G_i/G_{i-1}が巡回群であることを要求する.

巾零群. 同じ条件だが，さらに，$1 \leqslant i \leqslant n$に対し，$G_i/G_{i-1}$が，$G/G_{i-1}$の中心に含まれることを要求する.
(同値な定義：Gは群{1}より，**中心拡大**を有限回行なって得られる.)

超可解⇒可解，は明らかである．他方，超可解群の任意の中心拡大は超可解であることがすぐわかる；従って，巾零⇒超可解，である.

***p*-群.** pを素数とするとき，位数がpの巾の任意の群を，p-群とよぶ.

定理 14. 任意のp-群は巾零(従って超可解)である.

上にのべたことにより，p-群G(ただし$G \neq \{1\}$とする)の中心が単位元のみでないことを証明すれば十分である．これは次の補題から結論される：

補題 3. Gをある有限集合Xに作用するp-群とし，X^GをGで固定されるXの元全体の集合とする．このとき，

$$\mathrm{Card}(X) \equiv \mathrm{Card}(X^G) \pmod{p}.$$

$X-X^G$は，Gの二元以上よりなる軌道の，互に共通部分のない和集合であり，各軌道は，元の数がpの巾p^αである，ここで$\alpha \geqslant 1$；これより，$\mathrm{Card}(X-X^G) \equiv 0 \pmod{p}$.

さて，この補題を，$X=G$に適用しよう．ここでGはX上に内部自己同型写像$x \longmapsto axa^{-1}$によって作用するものとする．集合X^Gは，Gの<u>中心</u>Cにほかならない．従って，

$$\mathrm{Card}(C) \equiv \mathrm{Card}(G) \equiv 0 \pmod{p},$$

を得る．これより$C \neq \{1\}$が得られ，定理が証明された.

補題3の別の応用をのべよう．次の結果は，第Ⅲ部に於て用いられる：

命題 26. Vを，標数pの体k上の，0でないベクトル空間とし，$\rho: G \to \mathbf{GL}(V)$を，$p$-群GのVに於ける線型表現とする．このとき，全ての$\rho(s)$，$s \in G$，達

により固定される，V の 0 でない元が存在する．

x を V の 0 でないある元とし，$\rho(s)x$，$s \in \mathrm{G}$，で生成される V の部分群を X とする．補題 3 を X に適用する．X は有限で位数が p 巾であることに注意しよう．これより，$\mathrm{X}^{\mathrm{G}} \neq \{0\}$ が得られ，命題が証明される．

系． p-群の，標数 p に於ける既約表現は，自明な表現のみである．

練 習 問 題

1) 二面体群 D_n は超可解であること，及びそれが巾零となる必要十分条件は，n が 2 の巾であること，を示せ．

2) 交代群 $\mathfrak{A}_4$ は可解であるが超可解ではないことを示せ．群 $\mathfrak{S}_4$ についても同様であることを示せ．

3) 可解群，超可解群又は巾零群の，任意の部分群及び商群は，それぞれ，可解，超可解又は巾零であることを示せ．

4) p, q を異なる素数とし，G を位数 $p^a q^b$ の群とする，ここで，a, b は整数 >0，とする．

i) G の中心は $\{1\}$ であると仮定する．$s \in \mathrm{G}$ の時，s の属する共役類の元の数を $c(s)$ であらわす．$c(s) \not\equiv 0 \pmod{q}$ なる $s \neq 1$ が存在することを示せ．（もし存在しなければ，$\mathrm{G}-\{1\}$ の元の数は，q で割りきれる．）そのような s に対し，$c(s)$ は p の巾である．これより，G 及び $\{1\}$ とことなる，G の正規部分群の存在を導け．（n° 6.5 の練習問題 5 を適用せよ．）

ii) G は可解であることを示せ（**バーンサイドの定理**）．（G の位数に関する帰納法により論ぜよ．G の中心が $\{1\}$ になるときと，そうでないときに従って二つの場合に区別せよ．）

iii) G は必ずしも超可解でないことを例により示せ（練習問題 2 参照）．

iv) 位数が三つの素数のみで割れる可解でない群の例を与えよ．（$\mathfrak{S}_5$，$\mathfrak{S}_6$，$\mathbf{GL}_2(\mathbf{F}_7)$ は条件に適する．）

8.4. シローの定理

pを素数とし，Gを群，その位数を$g=p^n m$，ここでmはpと素，とする．Gの位数p^nの任意の部分群を，Gの**p-シロー部分群**とよぶ．

定理 15. a) p-シロー部分群は存在する．

b) それらは内部自己同型写像により共役である．

c) Gの任意のp-部分群は，あるp-シロー部分群に含まれる．

a)を証明するには，Gの位数に関する帰納法により論ずる．CをGの中心とする．Card(C)$\equiv 0$ (mod. p)ならば，容易に，Cは位数pの巡回部分群Dを含むことが示される；帰納法の仮定により，G/Dはp-シロー部分群をもち，この群のGに於ける逆像はGのp-シロー部分群である．Card(C)$\not\equiv 0$ (mod. p)の場合には，GをG$-$C上に内部自己同型写像により作用させると，G$-$Cの，軌道(共役類)への分割が得られる．Card(G$-$C)$\not\equiv 0$ (mod. p)だから，これらの軌道の一つは，その元の数がpと素である．これよりG中にGと異なる部分群Hであって，(G:H)$\not\equiv 0$ (mod. p)なるものが存在することがわかる．従って，Hの位数はp^nの倍数であり，帰納法の仮定により，Hは位数p^nの部分群をもつことが示される．

さてPをGの一つのp-シロー部分群とし，QをGのp-部分群とする．p-群Qは，X=G/P上に左移動によって作用する．n° 8.3の補題3により，

$$\mathrm{Card}(\mathrm{X^Q}) \equiv \mathrm{Card}(\mathrm{X}) \not\equiv 0 \quad (\mathrm{mod.}\, p),$$

を得る．これより$\mathrm{X^Q} \neq \varnothing$である．従って，$\mathrm{Q}x\mathrm{P}=x\mathrm{P}$なる$x \in \mathrm{G}$が存在する．これより，$\mathrm{Q} \subset x\mathrm{P}x^{-1}$であり，c)が証明される．さらに，Card(Q)$=p^n$であれば，群Q及び$x\mathrm{P}x^{-1}$は，同じ位数であるから，$\mathrm{Q}=x\mathrm{P}x^{-1}$を得，b)が証明される．

練習問題

1) Hを群Gの正規部分群とし，$\mathrm{P_H}$を，G/Hのp-シロー部分群とする．

a) G/Hに於ける像が$\mathrm{P_H}$となる，Gのp-シロー部分群Pが存在することを

示せ.（シロー部分群の共役性を用いよ.）

b) Hがp-群ならば，Pはただ一つであることを示せ；HがGの中心に含まれれば同じことが成り立つことを示せ.（Hの位数がpと素である場合に帰着させよ. P_HからHへの準同型写像は自明なものに限ることを用いよ.）

2) Gを巾零群とする. 各素数pに対し，Gはただ一つのp-シロー部分群，これは必らず正規となる，をもつことを示せ.（Gの位数に関する帰納法により論ぜよ. 帰納法の仮定を，Gの中心による商群に用いよ，練習問題1b)参照.）これより，Gはp-群の直積であることを導け.

3) kを標数pの有限体とし，$G=\mathbf{GL}_n(k)$とする. 対角線上の各成分が1である上半三角行列全体よりなるGの部分群は，Gのp-シロー部分群であることを示せ.

8.5. 超可解群の線型表現

補題 4. Gを可換でない超可解群とする. Gの中心に含まれぬ，Gの可換な正規部分群が存在する.

CをGの中心とする. 商群$H=G/C$は超可解だから，次のような組成列をもつ：その自明でない最初の項H_1は，Hの正規部分群でありかつ巡回群である. H_1のGに於ける逆像が要求を満足する.

定理 16. Gを超可解群とする. Gの任意の既約表現は，Gの或る部分群の1次の表現より誘導される.（すなわち，単項である.）

Gの位数に関する帰納法により論ずる. これにより，既約表現ρのうち忠実なもの，すなわち$\mathrm{Ker}(\rho)=\{1\}$なるもの，に限ることがゆるされる. Gが可換ならば，ρは1次であり，証明すべきことはない. Gが可換でないと仮定し，Aを，Gの中心に含まれない可換正規部分群とする（補題4参照）. ρは忠実だから，これより，$\rho(A)$は$\rho(G)$の中心には含まれない. 従って，$\rho(a)$が相似写像ではないような$a\in A$が存在する. ρのAへの制限は従って等型ではない. 命題24により，これから，ρはGの部分群H(H≠G)の既約表現より誘導されることがわかる．従って，帰納法の仮定をHに適用して，定理が得られる．

練習問題

1) 定理16を，超可解群の，可換な正規部分群による半直積の群に拡張せよ．(超可解の場合に帰着させるために，命題25を用いよ．)

2) $\mathbf{H}$を，実数体$\mathbf{R}$上の**四元数体**，その基底を$\{1, i, j, k\}$とする，ここで，

$$i^2 = j^2 = k^2 = -1, \quad ij = -ji = k, \quad jk = -kj = i, \quad ki = -ik = j.$$

Eを，8元$\pm 1, \pm i, \pm j, \pm k$よりなる$\mathbf{H}^*$の部分群(**四元数群**)とし，Gを，Eと16元，$(\pm 1 \pm i \pm j \pm k)/2$，との和集合とする．Gは$\mathbf{H}^*$の可解部分群であること，及び3次巡回群の，正規部分群Eによる半直積であること，を示せ．同型$\mathbf{H} \otimes_{\mathbf{R}} \mathbf{C} = \mathbf{M}_2(\mathbf{C})$を用いて，Gの2次の既約表現を定義せよ．この表現は単項でないことを示せ．(Gは，指数2の部分群をもたぬことに注目せよ．)

[群Gは，フルヴィッツ(Hurwitz)の《**整四元数**》の環の可逆元全体のなす群である；これはまた標数2に於ける楕円曲線$y^2 - y = x^3$の自己同型群でもある．この群Gは$\mathbf{SL}_2(\mathbf{F}_3)$に同型である．]

3) Gをp-群とする．Gの任意の既約指標χに対し，$\sum \chi'(1)^2 \equiv 0 \pmod{\chi(1)^2}$，ここで和は，$\chi'(1) < \chi(1)$なる全ての既約指標$\chi'$上をうごく，が成り立つことを示せ．($\chi(1)$が$p$巾であることを用い，命題5，系2 a)を用いよ．)

9. アルチンの定理

9.1. 環 R(G)

Gを有限群とし，$\chi_1, \cdots, \chi_h$ をGの異なる既約指標の全体とする．G上の中心的函数が指標であるための必要十分条件は，それが χ_i 達の，正又は0の整数係数の一次結合であることである；このような函数全体の集合を，$R^+(G)$ とあらわし，$R^+(G)$ で生成される部分群，すなわち二つの指標の差となる函数全体の集合を，R(G)であらわす．よって

$$R(G) = \mathbf{Z}\chi_1 \oplus \cdots \oplus \mathbf{Z}\chi_h,$$

が成り立つ．R(G)の元を，**一般指標**(または**見掛けの指標**)と呼ぶ．二つの指標の積は指標であるから，R(G)は，G上の複素数値の中心的函数全体のなす環 $F_C(G)$ の部分環である；χ_i 達は，$F_C(G)$ の **C** 上の基底をなすから，$\mathbf{C} \otimes R(G)$ は，$F_C(G)$ と同一視されることがわかる．

R(G)を，有限型の **C**[G]-加群のなすカテゴリーの，**グロタンディック群**と解釈することも出来る；第III部ではそのような解釈をする．

HをGの部分群とするとき，制限という操作によって，環の間の準同型写像 $R(G) \to R(H)$ が定義される．これを，Res_H^G 又はResとあらわす．

誘導という操作(n° 7.2)も同様に，アーベル群の間の準同型写像 $R(H) \to R(G)$ を定義する．これを，Ind_H^G 又はIndとあらわす．準同型写像Ind及びResは，双一次形式 $\langle\varphi, \psi\rangle_H$ 及び $\langle\varphi, \psi\rangle_G$ に対して，互に他の随伴である，定理13参照．さらに，公式

$$\mathrm{Ind}(\varphi.\mathrm{Res}(\psi)) = \mathrm{Ind}(\varphi).\psi$$

より，Ind:R(H)→R(G)の像は，環R(G)のイデアルであることが示される．

Aを可換環とするとき，準同型写像Res及びIndは，線型性により，A-線型写像

$$A \otimes \mathrm{Res}: A \otimes R(G) \rightarrow A \otimes R(H)$$
$$A \otimes \mathrm{Ind}: A \otimes R(H) \rightarrow A \otimes R(G)$$

に拡張される．

練習問題

1) φを，G上の実数値の中心的函数とする．$\langle \varphi, 1\rangle=0$及び，各$s\neq 1$に対し$\varphi(s)\leqslant 0$，が成り立つものと仮定する．任意の指標$\chi$に対し，$\langle\varphi,\chi\rangle$の実部は，$\geqslant 0$であることを示せ．(各$s$に対し，$\varphi(s^{-1})\chi(s)$の実部は，$\varphi(s^{-1})\chi(1)$の実部より大きいか等しいことを用いよ．) これより，φがR(G)に属せば，φは指標であることを導け．

2) $\chi\in R(G)$とする．χが既約指標であるための必要十分条件は，$\langle\chi,\chi\rangle=1$及び$\chi(1)\geqslant 0$であることを示せ．

3) fをG上の函数，kを整数とするとき，函数$s\longmapsto f(s^k)$を，$\Psi^k(f)$とあらわす．

a) ρをGの表現，その指標をχとする．任意の整数$k\geqslant 0$に対し，χ_σ^k及びχ_λ^kをそれぞれ，ρのk階の対称積及びk階の交代積の指標とする($k=2$の場合，n°2.1を参照)．Tを不定元として，

$$\sigma_T(\chi)=\sum_{k=0}^{\infty}\chi_\sigma^k T^k \quad 及び \quad \lambda_T(\chi)=\sum_{k=0}^{\infty}\chi_\lambda^k T^k,$$

とおく．$s\in G$の時

$$\sigma_T(\chi)(s)=1/\det(1-\rho(s)T) \quad 及び \quad \lambda_T(\chi)(s)=\det(1+\rho(s)T),$$

を示せ．これより，等式

$$\sigma_T(\chi)=\exp\left\{\sum_{k=1}^{\infty}\Psi^k(\chi)T^k/k\right\},\ \lambda_T(\chi)=\exp\left\{\sum_{k=1}^{\infty}(-1)^{k-1}\Psi^k(\chi)T^k/k\right\}$$

及び，

$$n\chi_\sigma^n=\sum_{k=1}^{n}\Psi^k(\chi)\cdot\chi_\sigma^{n-k},\qquad n\chi_\lambda^n=\sum_{k=1}^{n}(-1)^{k-1}\Psi^k(\chi)\cdot\chi_\lambda^{n-k},$$

を導け．これらは n° 2.1 の式の一般化である．

b) a) より R(G) は，Ψ^k，$k\in\mathbf{Z}$，による作用で保たれることを導け．

4) n を G の位数と素な整数とする．

a) χ を G の既約指標とする．$\Psi^n(\chi)$ は，G の既約指標であることを示せ（上の二つの練習問題を用いよ）．

b) 写像 $x\longmapsto x^n$ を，線型性により，ベクトル空間 $\mathbf{C}[G]$ の自己準同型写像 ψ_n に拡張する．ψ_n の，Cent. $\mathbf{C}[G]$ への制限は，多元環 Cent. $\mathbf{C}[G]$ の自己同型写像であることを示せ．

9.2. アルチンの定理の命題内容

アルチンの定理とは，次の定理である：

定理 17. G を有限群とし，X を G の部分群のなす一つの族とする．$\mathrm{Ind}:\bigoplus_{H\in X}R(H)\to R(G)$ を写像の族 Ind_H^G，$H\in X$，によって定義される準同型写像とする．このとき，次の性質は同値である：

i) G は X に属する部分群の共役の和集合である．

ii) $\mathrm{Ind}:\bigoplus_{H\in X}R(H)\to R(G)$ の余核 $R(G)/\mathrm{Ind}(\bigoplus_{H\in X}R(H))$ は有限である．

R(G) は有限型の群であるから，ii) を次のようにいいかえることが出来る．

ii′) G の任意の指標 χ に対して，一般指標 $\chi_H\in R(H)$，$H\in X$ 及び整数 $d\geqslant 1$ が存在して

$$d\chi=\sum_{H\in X}\mathrm{Ind}_H^G(\chi_H),$$

となる．

さらに，G の巡回部分群全体のなす族は，i) を満たすことに注意しよう．これより，

系． G の任意の指標は，G の巡回部分群の指標から誘導された指標の有理数

係数の一次結合である.

次の§に於て，上の命題に於ける《有理数》を《整数》で，《巡回的》を《基本的》でおきかえてもやはり成立することが示される.

練習問題

Gとして交代群 $\mathfrak{A}_4$ をとり，XとしてGの巡回部分群全部の族をとる. $\{\chi_0, \chi_1, \chi_2, \psi\}$ を，Gの異なる既約指標の全部とする(n° 5.7 参照). Ind による $\bigoplus_{H\in X} R^+(H)$ の像は，次の5個の指標によって生成されることを示せ:

$$\chi_0+\chi_1+\chi_2+\psi,\qquad 2\psi,\qquad \chi_0+\psi,\qquad \chi_1+\psi,\qquad \chi_2+\psi.$$

これより，R(G)の元 χ がIndの像に属するための必要十分条件は，$\chi(1)\equiv 0 \pmod{2}$ であること，を導け. 指標 χ_0, χ_1, χ_2 はいずれも，巡回部分群の指標から誘導された指標の，正の有理数係数の一次結合ではないことを示せ.

9.3. 第一の証明

ii)⇒i)を示そう. Sを, Xに属する部分群Hの共役の和集合とする. $\sum \mathrm{Ind}_H^G(f_H)$，ここで $f_H\in R(H)$，の形の任意の函数は，Sの外で0となる. もしii)が成り立てば，これよりG上の任意の中心的函数は，Sの外で0となることになる. 従って，S=Gが示され，i)が得られる.

逆に，i)が成り立つとする. ii)を示すためには，**Q**-線型写像

$$\mathbf{Q}\otimes \mathrm{Ind}: \bigoplus_{H\in X} \mathbf{Q}\otimes R(H) \to \mathbf{Q}\otimes R(G)$$

が，上への写像(全射)であることを示せば十分である. これはまた，**C**-線型写像

$$\mathbf{C}\otimes \mathrm{Ind}: \bigoplus_{H\in X} \mathbf{C}\otimes R(H) \to \mathbf{C}\otimes R(G)$$

が，上への写像であることと同値である. 双対性により，これは転置写像

$$\mathbf{C}\otimes \mathrm{Res}: \mathbf{C}\otimes R(G) \to \bigoplus_{H\in X} \mathbf{C}\otimes R(H),$$

が一対一であることと同値である. しかし，これが一対一であることは明らかである: このことは，“G上の中心的函数の，各H∈Xへの制限が0ならば，こ

の函数が0である”ということになるからである．これにより定理が得られる．

練習問題

族Xは，共役をつくること及び部分群をとることに関して閉じていると仮定し，さらに，GはXに属する部分群の和集合であると仮定する．（例：Gの巡回部分群全体の族．）

1） 準同型写像

$$\mathbf{Q} \otimes \mathrm{Ind} : \bigoplus_{\mathrm{H} \in \mathrm{X}} \mathbf{Q} \otimes \mathrm{R(H)} \to \mathbf{Q} \otimes \mathrm{R(G)}$$

の核を，Nとあらわす．

a） $\mathrm{H}, \mathrm{H}' \in \mathrm{X}$ とし，$\mathrm{H}' \subset \mathrm{H}$ とする．$\chi' \in \mathrm{R(H')}$ とし，$\chi = \mathrm{Ind}_{\mathrm{H}'}^{\mathrm{H}}(\chi') \in \mathrm{R(H)}$ とおく．$\chi - \chi'$ はNに属することを示せ．

b） $\mathrm{H} \in \mathrm{X}$, $s \in \mathrm{G}$ とする；${}^s\mathrm{H} = s\mathrm{H}s^{-1}$ とおく．$\chi \in \mathrm{R(H)}$ とし，${}^s\chi$ を，$h \in \mathrm{H}$ のとき，${}^s\chi(shs^{-1}) = \chi(h)$ によって定義される $\mathrm{R}({}^s\mathrm{H})$ の元とする．$\chi - {}^s\chi$ は，Nに属することを示せ．

c） Nは，**Q**上，上のa)及びb)の形の元により生成されることを示せ．（係数を**C**まで拡張し，双対性により論ぜよ．結局以下のことを証明することになる：各 $\mathrm{H} \in \mathrm{X}$ に対し，H上の中心的函数 f_{H} が与えられるとする．そして，f_{H} 達が，制限及び共役に関する上のa)及びb)と同様の条件を満たすものとする．このとき，G上の中心的函数 f が存在して，各Hに対し，$\mathrm{Res}_{\mathrm{H}}^{\mathrm{G}} f = f_{\mathrm{H}}$ となる．）

2） $\mathbf{Q} \otimes \mathrm{R(G)}$ は，次の形の，生成元と基本関係による表示をもつことを示せ：

生成元：記号 (H, χ)，ここで $\mathrm{H} \in \mathrm{X}$ 及び $\chi \in \mathbf{Q} \otimes \mathrm{R(H)}$．

関係：

i） $\lambda, \lambda' \in \mathbf{Q}$，$\chi, \chi' \in \mathbf{Q} \otimes \mathrm{R(H)}$ ならば，$(\mathrm{H}, \lambda\chi + \lambda'\chi') = \lambda(\mathrm{H}, \chi) + \lambda'(\mathrm{H}, \chi')$．

ii） $\mathrm{H}' \subset \mathrm{H}$，$\chi' \in \mathrm{R(H')}$ かつ $\chi = \mathrm{Ind}_{\mathrm{H}'}^{\mathrm{H}}(\chi')$ ならば，$(\mathrm{H}, \chi) = (\mathrm{H}', \chi')$．

iii） $\mathrm{H} \in \mathrm{X}$，$s \in \mathrm{G}$，$\chi \in \mathrm{R(H)}$ ならば，$(\mathrm{H}, \chi) = ({}^s\mathrm{H}, {}^s\chi)$，ただし練習問題1, b)の記法を用いるものとする．（練習問題1を用いよ．）

9.4. i)⇒ii)の第二の証明

まずはじめに，A を一つの巡回群とし，その位数を a とする．A 上の函数 θ_{A} を，次式で定義する：

$$\theta_{\mathrm{A}}(x) = \begin{cases} a, & x \text{ が A を生成する場合.} \\ 0, & \text{そうでない場合.} \end{cases}$$

命題 27. G を，位数 g の有限群とするとき，

$$g = \sum_{\mathrm{A} \subset \mathrm{G}} \mathrm{Ind}_{\mathrm{A}}^{\mathrm{G}}(\theta_{\mathrm{A}}),$$

が成り立つ．ただし和は，G の巡回部分群全体の集合上でとるものとする．

（この命題に於て，文字 g は，g に等しい定数函数をあらわす．）

$\theta_{\mathrm{A}}' = \mathrm{Ind}_{\mathrm{A}}^{\mathrm{G}}(\theta_{\mathrm{A}})$ とおく．$x \in \mathrm{G}$ とすると，

$$\theta_{\mathrm{A}}'(x) = \frac{1}{a} \sum_{\substack{y \in \mathrm{G} \\ yxy^{-1} \in \mathrm{A}}} \theta_{\mathrm{A}}(yxy^{-1})$$

$$= \frac{1}{a} \sum_{\substack{y \in \mathrm{G} \\ yxy^{-1} \text{ は A を生成}}} a \qquad = \sum_{\substack{y \in \mathrm{G} \\ yxy^{-1} \text{ は A を生成}}} 1,$$

が成り立つ．しかし，各 $y \in \mathrm{G}$ に対し，yxy^{-1} は，G の一つの，しかもただ一つの巡回部分群を生成する．従って，次式を得る：

$$\sum_{\mathrm{A} \subset \mathrm{G}} \theta_{\mathrm{A}}'(x) = \sum_{y \in \mathrm{G}} 1 = g.$$

命題 28. A を巡回群とすると，$\theta_{\mathrm{A}} \in \mathrm{R(A)}$ が成り立つ．

A の位数 a に関する帰納法により論ずる．$a=1$ の場合は明らかである．命題 27 により，

$$a = \sum_{\mathrm{B} \subset \mathrm{A}} \mathrm{Ind}_{\mathrm{B}}^{\mathrm{A}}(\theta_{\mathrm{B}}) = \theta_{\mathrm{A}} + \sum_{\mathrm{B} \neq \mathrm{A}} \mathrm{Ind}_{\mathrm{B}}^{\mathrm{A}}(\theta_{\mathrm{B}}),$$

が得られる．帰納法の仮定により，$\mathrm{B} \neq \mathrm{A}$ ならば $\theta_{\mathrm{B}} \in \mathrm{R(B)}$，を得る．これより，$\mathrm{Ind}_{\mathrm{B}}^{\mathrm{A}}(\theta_{\mathrm{B}}) \in \mathrm{R(A)}$；他方，明らかに，$a \in \mathrm{R(A)}$ であるから，確かに θ_{A} が R(A) に属することが結論される．

i)⇒ii)の証明への応用

A′ が，A のある共役に含まれていれば，$\mathrm{Ind}_{\mathrm{A'}}^{\mathrm{G}}$ の像は，$\mathrm{Ind}_{\mathrm{A}}^{\mathrm{G}}$ の像に含まれる

ことに注意する．従って，XはGの全ての巡回部分群のなす族であると仮定することが出来る．このとき，命題27及び28により，

$$g=\sum_{A\in X}\mathrm{Ind}_A^G(\theta_A),\qquad \theta_A\in R(A),$$

が示される．従って，元gはIndの像に含まれる．この像は，R(G)のイデアルであるから(n° 9.1を参照)，$g\chi$，ここで$\chi\in R(G)$，なる形の全ての元を含む．これは，ii′)を示している(さらに，具体的な《分母》，すなわちGの位数，が得られるのでそれ以上のことをさえも示している)．

練習問題

Aを位数aの巡回群とし，$\lambda_A=\varphi(a)r_A-\theta_A$とおく．ここで$\varphi(a)$はAの生成元の個数であり，$r_A$は正則表現の指標とする．$\lambda_A$は，単位指標に直交するAの指標であることを示せ(n° 9.1の練習問題1を適用せよ)．Aが位数gの群Gの巡回部分群全体の集合をうごくとき，

$$(*)\qquad \sum_{A\subset G}\mathrm{Ind}_A^G(\lambda_A)=g(r_G-1),$$

が成り立つことを示せ，ここでr_Gは，Gの正則表現の指標である(命題27を用いよ)．

［**応用**(R. Brauerによる):F/Eを，代数体の有限次拡大とし，$\Phi(s)=\zeta_F(s)/\zeta_E(s)$を，それらの**ゼータ函数**の商とする．$\Phi$は全複素平面で有理型であることが知られている．F/Eがガロア拡大であるとし，そのガロア群をGとする．上の公式(*)から，このとき等式

$$\Phi(s)^g=\prod_A L_{F/F_A}(s,\lambda_A),$$

が出る．ただしF_Aは巡回部分群Aに対応するFの部分拡大体をあらわす．函数$L_{F/F_A}(s,\lambda_A)$はアーベル拡大のL函数であるから正則である．これより(ガロア拡大の場合には)Φが正則である，すなわちζ_Eは，ζ_Fを割り切ることが結論される；F/Eがガロア拡大でない場合にもこの結果が拡張されるかどうかはわかっていない(これは，アルチンの予想の結果として得られるであろう)．］

10. ブラウアーの定理

n° 10.1 より 10.4 に於て，p は一つの素数をあらわす．

10.1. p-正則元；p-基本部分群

x を，有限群 G の元とする．x が **p-元**(又は **p-巾単元**)であるとは，x の位数が p の巾であることをいう；x が **p'-元**(又は **p-正則元**)であるとは，x の位数が p と素であることをいう．

任意の $x \in G$ は，$x = x_u x_r$，ただし x_u は p-巾単元，x_r は p-正則元であり，x_u と x_r とは交換可能の形に一意的に書ける；さらに，x_u 及び x_r は x の巾である．このことは，x により生成される巡回部分群を，その p-成分と，位数が p と素な成分との直積に分解することによって示される．元 x_u 及び x_r を，それぞれ，x の **p-成分**，**p'-成分** と呼ぶ．

他方，群 H は，位数が p と素な巡回群 C と p-群 P との直積であるとき，**p-基本的**であるといわれる．このような群は巾零であり，C×P という分解は一意的である：C は H の p'-元全体の集合であり，P は p-元全体の集合である．

x を，有限群 G の p'-元とし，C を，x で生成される巡回部分群，Z(x) を x の中心化群($sx = xs$ なる $s \in G$ 全体の集合)とする．P を，Z(x) の一つの p-シロー部分群としたとき，群 H＝C.P は，G の p-基本部分群であり，**x に対応する基本部分群**といわれる．これは，Z(x) に於ける共役を除いて，一意的である．

練習問題

1) H＝C.P を，有限群 G の一つの p-基本部分群とし，x を C の生成元とする．H は，x に対応する p-基本部分群 H′ に含まれることを示せ．

2) $G=\mathbf{GL}_n(k)$ とする，ここで k は標数 p の有限体である．元 $x\in G$ が p-元であるための必要十分条件は，その固有値が全て1に等しいこと，すなわち $1-x$ が巾零であること，を示せ；x が p'-元であるための必要十分条件は，これが半単純であること，すなわち k の適当な有限次拡大に於て対角化可能であること，を示せ．

10.2. p-基本部分群からの誘導指標

この節及びこれにつづく二つの節の目的は，次の結果を証明することである．

定理 18. G を有限群とする．V_p を，G の p-基本部分群達の指標から誘導された指標によって生成される R(G) の部分群とする．V_p の R(G) に於ける指数は，有限であって，p と素である．

X(p) を，G の p-基本部分群全体の族とする．群 V_p は，誘導準同型写像 Ind_H^G, $H\in X(p)$, によって定義された準同型写像

$$\mathrm{Ind}\colon \bigoplus_{H\in X(p)} R(H) \to R(G),$$

の像である．V_p は，R(G) のイデアルであることは既知である；従って定理を証明するためには，$m\in V_p$ なる p と素な整数 m が存在することを示せば十分である．実は，より精密な次の結果が示される：

定理 18′. $g=p^n l$ を G の位数とし，$(p, l)=1$ とする．このとき，$l\in V_p$ である．

証明(Roquette 及び Brauer–Tate[12]による)には，1 の g 乗根全体から生成される $\mathbf{C}$ の部分環 A を用いる．この環は，$\mathbf{Z}$ 上有限型で自由であり，その元は代数的整数である；$\mathbf{Q}\cap A=\mathbf{Z}$ が成り立つ，なぜなら共通部分の元は，有理数であると共に，代数的整数だからである(n° 6.4 参照)．商群 $A/\mathbf{Z}$ は，ねじれのない(すなわち 0 以外には有限位数の元を持たないような)有限型の加群であり，従って自由加群である；これより($A/\mathbf{Z}$ の基底を A にもちあげて)A が，元 1

を含む基底$\{1, \alpha_1, \cdots, \alpha_c\}$をもつことがわかる．

Aとのテンソル積をつくることにより，準同型写像 Ind は，A-線型写像

$$\mathrm{A} \otimes \mathrm{Ind}: \bigoplus_{\mathrm{H} \in \mathrm{X}(p)} \mathrm{A} \otimes \mathrm{R(H)} \to \mathrm{A} \otimes \mathrm{R(G)}$$

を定義する．

基底$\{1, \alpha_1, \cdots, \alpha_c\}$の存在よりすぐに：

補題 5. $\mathrm{A}\otimes\mathrm{Ind}$ の像は，$\mathrm{A}\otimes\mathrm{V}_p$ である；そして$(\mathrm{A}\otimes\mathrm{V}_p)\cap\mathrm{R(G)}=\mathrm{V}_p$ が成り立つ．

従って，定数函数lがV_pに属することを示すには，lが$\mathrm{A}\otimes\mathrm{Ind}$の像に属すること，いいかえれば，$l$が，$\sum a_\mathrm{H}\mathrm{Ind}_\mathrm{H}^\mathrm{G}(f_\mathrm{H})$，ここで$a_\mathrm{H} \in \mathrm{A}$，$f_\mathrm{H} \in \mathrm{R(H)}$，の形であること，を示せば十分である．

注意． 1）環 **Z** より環 A を考えた方が有利な点は，G の全ての指標が A に値をもつことである．何故なら指標の値は，1 の g 乗根の和だからである．これより，$\mathrm{A}\otimes\mathrm{R(G)}$ は，A に値をもつ G 上の中心的函数全体のなす環の部分環であることがわかる．

2）A は，円分体 **Q**.A 中の代数的整数全体の集合であることを示すことが出来る．しかしこの結果は以下では必要にはならない．

10.3. 指標の構成

補題 6. G 上の中心的函数が整値で，値が g で割り切れるならば，G の巡回部分群の指標から誘導された指標の，A-線型結合である．

（ここで，また以下でも，《整値》という表現は，《**Z** に値をもつ》ことを意味する．）

f を，そのような函数とする．これを $g\chi$ の形に書く，ここで χ は整値の中心的函数である．C を，G の巡回部分群とし，θ_C を，n° 9.4 で定義された，R(C) の元とする．

$$g=\sum_{\mathrm{C}}\mathrm{Ind}_{\mathrm{C}}^{\mathrm{G}}(\theta_{\mathrm{C}})\quad (\text{命題 27 参照})$$

が成り立ち，これより，

$$f=g\chi=\sum_{\mathrm{C}}\mathrm{Ind}_{\mathrm{C}}^{\mathrm{G}}(\theta_{\mathrm{C}})\chi=\sum_{\mathrm{C}}\mathrm{Ind}_{\mathrm{C}}^{\mathrm{G}}(\theta_{\mathrm{C}}.\mathrm{Res}_{\mathrm{C}}^{\mathrm{G}}\chi).$$

従って，一切は，各 C に対し，$\theta_{\mathrm{C}}.\mathrm{Res}_{\mathrm{C}}^{\mathrm{G}}\chi$ が $\mathrm{A}\otimes\mathrm{R}(\mathrm{C})$ に属することを示すことに帰する．ところが，$\chi_{\mathrm{C}}=\theta_{\mathrm{C}}.\mathrm{Res}_{\mathrm{C}}^{\mathrm{G}}\chi$ のどの値も C の位数で割り切れる．従って ψ を C の指標とすると，$\langle\chi_{\mathrm{C}},\psi\rangle\in\mathrm{A}$ が導かれる．これは，χ_{C} が C の指標の A–線型結合であることを示し，$\chi_{\mathrm{C}}\in\mathrm{A}\otimes\mathrm{R}(\mathrm{C})$ が得られる．

補題 7. χ を，$\mathrm{A}\otimes\mathrm{R}(\mathrm{G})$ の整値な元とする．$x\in\mathrm{G}$ とし，x_r を x の p'–成分 (n° 10.1 参照) とする．このとき，次式が成り立つ:

$$\chi(x)\equiv\chi(x_r)\pmod{p}.$$

制限の操作により，G が x により生成される巡回群の場合に帰着される．このとき，$\chi=\sum a_i\chi_i$ である，ここで $a_i\in\mathrm{A}$，χ_i は G の異なる 1 次の指標をうごく．q を p の十分大きな巾とすると，$x^q=x_r{}^q$ であり，これより各 i に対し，$\chi_i(x)^q=\chi_i(x_r)^q$ が成り立ち，

$$\chi(x)^q=\left(\sum a_i\chi_i(x)\right)^q\equiv\sum a_i{}^q\chi_i(x)^q\equiv\sum a_i{}^q\chi_i(x_r)^q\equiv\chi(x_r)^q\pmod{p\mathrm{A}},$$

が得られる．$p\mathrm{A}\cap\mathbf{Z}=p\mathbf{Z}$ であるから従って，

$$\chi(x)^q\equiv\chi(x_r)^q\pmod{p},$$

これより，$\chi(x)\equiv\chi(x_r)\pmod{p}$ が得られる．任意の $\lambda\in\mathbf{Z}$ に対し，$\lambda^q\equiv\lambda\pmod{p}$ だからである．

補題 8. x を，G の p'–元とし，H を x に対応する G の p–基本部分群とする (n° 10.1)．このとき誘導された函数 $\psi'=\mathrm{Ind}_{\mathrm{H}}^{\mathrm{G}}\psi$ が，次の性質 a)，b) をもつような整値な函数 $\psi\in\mathrm{A}\otimes\mathrm{R}(\mathrm{H})$ が存在する:

a) $\psi'(x)\not\equiv 0\pmod{p}$

b) x に共役でない G の任意の p'–元 s に対し，$\psi'(s)=0$.

x で生成される G の巡回部分群を C とし，$\mathrm{Z}(x)$ を G に於ける x の中心化群とする．$\mathrm{H}=\mathrm{C}\times\mathrm{P}$ である，ここで P は $\mathrm{Z}(x)$ の一つの p–シロー群である．C の位数を c，P の位数を p^α とする．ψ_{C} を次式で定義される C 上の函数とする:

$$\varphi_C(x)=c,\ \text{かつ}\quad y\neq x\ \text{ならば},\ \varphi_C(y)=0.$$

$\varphi_C=\sum_\chi \chi(x^{-1})\chi$ を得る，ここで χ はCの既約指標の集合をうごく；これより φ_C は，$A\otimes R(C)$ に属することがわかる．（これはまた，補題6からも導かれる．）

$H=C\times P$ 上の函数 φ を，$x\in C$，$y\in P$ の時 $\varphi(xy)=\varphi_C(x)$ により定義する．φ は成分への射影写像 $H\to C$ による φ_C の逆像である．従って，$\varphi\in A\otimes R(H)$ を得る．φ が条件を満たすことを示そう：

s をGの p'-元とし，$y\in G$ とすると，ysy^{-1} は p'-元である；ysy^{-1} がHに属すれば従ってCに属し，ysy^{-1} が x に等しくなければ，$\varphi(ysy^{-1})=0$ を得る．これより，s が x に共役でなければ，$\varphi'(s)=0$ が得られ，条件b)が示される．さらに；

$$\varphi'(x)=\frac{1}{c\cdot p^\alpha}\sum_{yxy^{-1}=x}\varphi(x)=\frac{1}{p^\alpha}\sum_{yxy^{-1}=x}1=\frac{\mathrm{Card}(Z(x))}{p^\alpha},$$

これより $\varphi'(x)\not\equiv 0\ (\mathrm{mod}.\,p)$ である．何故なら，$p^\alpha=\mathrm{Card}(P)$ は，$\mathrm{Card}(Z(x))$ を割る p の最大の巾だからである．

補題 9. 次の性質をもつ，整値な $\varphi\in A\otimes V_p$ が存在する：各 $x\in G$ に対し，$\varphi(x)\not\equiv 0\ (\mathrm{mod}.\,p)$.

$(x_i)_{i\in I}$ を，p-正則な共役類（すなわち，p'-元よりなる共役類）の一つの代表系とする．補題8により，次の条件をみたす整値な $A\otimes V_p$ の元 φ_i を構成することが出来る：

$$\varphi_i(x_i)\not\equiv 0\quad(\mathrm{mod}.\,p),\ \text{かつ},\ j\neq i\ \text{ならば}\quad \varphi_i(x_j)\equiv 0\quad(\mathrm{mod}.\,p).$$

$\varphi=\sum\varphi_i$ とおく．φ が $A\otimes V_p$ に属し，整値であることは明らかである．$x\in G$ とすると，x の p'-成分は，ただ一つの x_i に共役である．補題7より，従って，

$$\varphi(x)\equiv\varphi(x_i)\equiv\varphi_i(x_i)\not\equiv 0\quad(\mathrm{mod}.\,p),$$

を得る．

練習問題

1)　補題6を，Aのイデアル gA に値をもつ中心的函数に拡張せよ．

2)　$\mathfrak{p}$を，$\mathfrak{p}\cap\mathbf{Z}=p\mathbf{Z}$なるAの素イデアルとする(これは，$A/\mathfrak{p}$が標数$p$の有限体であることと同値である)．$\chi\in A\otimes R(G)$，$x\in G$とし，$x_r$を$x$の$p'$-成分とする．$\chi(x)\equiv\chi(x_r)\ (\mathrm{mod.}\ \mathfrak{p})$となること(補題7と同じ証明)を示せ．然し必ずしも$\chi(x)\equiv\chi(x_r)\ (\mathrm{mod.}\ pA)$ではないことを示せ．

10.4.　定理18及び18′の証明

$g=p^n l$をGの位数とし，$(p,l)=1$とする．問題は，lが$A\otimes V_p$に属することを示すことである，n° 10.2参照.

ψを，補題9の条件を満たす$A\otimes V_p$の元とする．ψの値は，$\not\equiv 0\ (\mathrm{mod.}\ p)$である．$N=\varphi(p^n)$を，乗法群$(\mathbf{Z}/p^n\mathbf{Z})^*$の位数とする；$p$と素な任意の整数$\lambda$に対して，$\lambda^N\equiv 1\ (\mathrm{mod.}\ p^n)$が成り立つ．これより，各$x\in G$に対し，$\psi(x)^N\equiv 1\ (\mathrm{mod.}\ p^n)$である．これより函数$l(\psi^N-1)$は，整値であり，その値が$lp^n=g$で割り切れることがわかる；補題6により，この函数はGの巡回部分群の指標より誘導された指標の，A-線型結合である．任意の巡回群はp-基本的であるから，従って$l(\psi^N-1)\in A\otimes V_p$を得る．他方$A\otimes V_p$は，$A\otimes R(G)$のイデアルである；これより$l\psi^N\in A\otimes V_p$がわかる．引き算をすれば，確かに，$l$が$A\otimes V_p$に属することが導かれ，証明が完了する．

10.5.　ブラウアーの定理

Gの部分群が**基本的**であるとは，すくなくとも一つの素数pに対して，p-基本的であることをいう．

定理19.　Gの任意の指標は，基本部分群の指標から誘導された指標の整数係数の一次結合である．

V_pを，定理18に於て定義したR(G)の部分群とする．問題は素数pに対するV_p達の和Vが，R(G)に等しいことを示すことである．さて，VはV_pを含む：従って，VのR(G)に於ける指数は，V_pの指数を割り，従って定理18により，pと素である．このことが各pについて真だから，Vの指数は1に等しく，定理が得られる．

定理20. Gの任意の指標は，単項指標の整数係数の一次結合である．

(指標が単項であるとは，それが適当な部分群の1次の指標から誘導されたものであることをいうのであった．)

これは定理19に，基本群の任意の既約指標は単項であるという事実(なぜなら基本群は巾零であるから)をあわせて得られる(n° 8.5，定理16参照).

注意. 1) 定理19及び20に於て，考える一次結合の係数は，正又は負の整数である．与えられた指標を単項指標の正の整数(又は正の実数でも)を係数とする一次結合として書くことは，一般には不可能である．下の練習問題1参照.

2) 定理20は，表現論の多くの応用に於て本質的な役割をはたす；これにより，広い範囲にわたって，任意の指標χに関する問題を，χが1次である(従って巡回群の指標に由来する)特別な場合に帰着させることが出来る．例えば，ブラウアーが，アルチンの函数$L(s,\chi)$が，全複素平面で有理型であることを証明したのは，この方法のおかげである．以下に於て，これの他の応用が，示される．

練習問題

1) χを，ある群Gの既約指標とする．

a) χは単項指標の正又は0の実数係数の一次結合であると仮定する．$m\chi$が単項となる整数$m\geqslant 1$が存在することを示せ．

b) Gとして交代群$\mathfrak{A}_5$をとる．対応する置換による表現は，単位表現と4次の既約表現の直和である；χとして，この4次の表現の指標をとる．もし$m\chi$が部分群Hの1次の表現から誘導されたものならば，Hの位数は，$15/m$に等しく，mは，1, 3, 5, 15の値しかとることが出来ない．さらに，χのHへの制限は，ある1次の指標をm回含まねばならない．これらの条件は，mのどの値についても実現されないことを示せ(特に，Gは位数15の部分群をもたないことに留意せよ). これより, χ は単項指標の正又は0の実数係数の一次結合ではないことを導け.

2) (アンドレ・ヴェイユ(A. Weil)の示唆による.) $f(1)=0$ となる任意の $f \in R(G)$ は, $\mathrm{Ind}_E^G(\alpha-1)$ の形の元の, $\mathbf{Z}$-線型結合であること, ただしEはGの基本部分群とし, α はEの1次の指標とする, を証明したい.

a) $R_0'(G)$ を, 元 $\mathrm{Ind}_E^G(\alpha-1)$ 達により生成された $R(G)$ の部分群とし, $R'(G)=\mathbf{Z}\oplus R_0'(G)$ とする. HがGの部分群ならば, Ind_H^G は, $R_0'(H)$ を, $R_0'(G)$ 中に写像することを示せ.

b) Hは, Gの正規部分群であり, G/Hは可換であると仮定する. Ind_H^G は, $R'(H)$ を $R'(G)$ 中に写像することを示せ. ($\mathrm{Ind}_H^G(1)$ が $R'(G)$ に属することを示せば十分である; これは, $\mathrm{Ind}_H^G(1)$ が, 核がHを含む, Gの(G:H)個の1次指標の和であることから得られる.)

c) Gが基本的であると仮定する. Yを, Gと異なるGの極大部分群全体の集合とする. $H\in Y$ ならば, HはGで正規であり, G/Hは位数が素数であることを示せ(Gが巾零であることを用いよ). これより $R(G)$ は, Gの1次の指標と, $\mathrm{Ind}_H^G(R(H))$ 達, ただしHはYをうごく, で生成されることを導け(定理16を適用せよ). $R'(G)=R(G)$ を示せ. (Gの位数に関する帰納法で論じ, $\mathrm{Ind}_H^G(R(H))$ が $R'(G)$ に含まれることを示すためにはb)を用いよ.)

d) 一般の場合にもどり, Gの基本部分群全体の集合をXとあらわす. 定理19により, $1=\sum_{E\in X}\mathrm{Ind}_E^G(f_E)$ を得る, ただし $f_E\in R(E)$ である. $\varphi\in R(G)$ とするとこれより次式を得る.

$$\varphi=\sum_{E\in X}\mathrm{Ind}_E^G(\varphi_E),\ \text{ただし}\quad \varphi_E=f_E\cdot\mathrm{Res}_E^G(\varphi).$$

$\varphi(1)=0$ ならば, c)より $\varphi_E\in R_0'(E)$ を得る. これより, φ が $R_0'(G)$ に属することを導き, $R'(G)=R(G)$ を示せ.

11. ブラウアーの定理の応用

11.1. 指標の特徴づけ

Bを，Cのある部分環とし，Gを有限群とする．

定理 21. φを，G上の中心的函数であって，Gの任意の基本部分群Hに対し，$\mathrm{Res}_H^G\varphi \in B\otimes R(H)$なるもの，とする．このとき，$\varphi \in B\otimes R(G)$である．

Xを，Gの基本部分群全体の集合とする．定理19により，定数函数1を次の形に書くことが出来る：

$$1 = \sum_{H\in X} \mathrm{Ind}_H^G f_H, \qquad \text{ここで} \quad f_H \in R(H).$$

φを掛けて，これより，

$$\varphi = \sum_{H\in X} \varphi . \mathrm{Ind}_H^G f_H = \sum_{H\in X} \mathrm{Ind}_H^G(f_H . \mathrm{Res}_H^G \varphi),$$

を得る．f_HはR(H)に属し，$\mathrm{Res}_H^G\varphi$は$B\otimes R(H)$に属するから，その積は，$B\otimes R(H)$に属する．これより確かに，φが$B\otimes R(G)$に属することが導かれる．

アルチンの定理(§9)を用いて，類似の論法により，次の定理が得られる．

定理 21′. Bは**Q**を含むと仮定する．Gの任意の巡回部分群Hに対して$\mathrm{Res}_H^G\varphi \in B\otimes R(H)$ならば，$\varphi \in B\otimes R(G)$である．

注意. 定理21を，次のようにはりあわせの性質(すなわち局所的な基本部分群系上での破片から群全体上の“もの”を再現すること)として解釈することが出来る：

各$H\in X$に対し，$B\otimes R(H)$の元φ_Hが与えられ，次の二性質を満たすものと仮定する：

i)　$H'\subset H$ ならば，$\varphi_{H'}=\mathrm{Res}_{H'}^{H}(\varphi_H)$ が成り立つ．

ii)　$s\in G$ により，$H'=sHs^{-1}$ ならば，$\varphi_{H'}$ は，同型写像 $x\longmapsto sxs^{-1}$ による構造の移し替えによって，φ_H から生ずる．

このとき，任意の $H\in X$ に対し，$\mathrm{Res}_H^G\varphi=\varphi_H$ となる $B\otimes R(G)$ の元 φ が一つ，しかもただ一つ存在する．

定理 22. φ は，G 上の中心的函数であって，G の任意の基本部分群 H 及び H の任意の 1 次の指標 χ に対して，数

$$\langle\chi, \mathrm{Res}_H^G\varphi\rangle_H=\frac{1}{\mathrm{Card}(H)}\sum_{s\in H}\chi(s^{-1})\varphi(s)$$

が B に属するものとする．このとき φ は，$B\otimes R(G)$ に属する．

H を G の基本部分群とする．

$$\mathrm{Res}_H^G\varphi=\sum_{\omega}c_\omega\omega,\quad ここで\quad c_\omega=\langle\omega, \mathrm{Res}_H^G\varphi\rangle_H,$$

を，H の既約指標 ω 達を用いた分解とする．定理 16 により，各指標 ω は，H のある部分群 H_ω の 1 次の指標 χ_ω より誘導される；フロベニウスの相互律の公式により，

$$c_\omega=\langle\chi_\omega, \mathrm{Res}_{H_\omega}^G\varphi\rangle_{H_\omega},$$

が得られる．H_ω は基本部分群であるから，φ に関する仮定により，c_ω は B に属する．これより $\mathrm{Res}_H^G\varphi=\sum c_\omega\omega$ が，$B\otimes R(H)$ に属することが結論され，定理 21 に帰着される．

系. φ が一般指標(すなわち $\varphi\in R(G)$)であるための必要十分条件は，任意の基本部分群 H 及び任意の準同型写像 $\chi: H\to\mathbf{C}^*$ に対し，$\langle\chi, \mathrm{Res}_H\varphi\rangle_H\in\mathbf{Z}$ が成り立つことである．

これは，$B=\mathbf{Z}$ という特別な場合である．

制限準同型写像 Res_H^G の族で定義される，$R(G)$ から $\bigoplus_{H\in X}R(H)$ への準同型写像を，Res とあらわそう．

命題 29. 準同型写像 $\mathrm{Res}: R(G)\to\bigoplus_{H\in X}R(H)$ は，分解型の埋め込み写像[訳注]で

訳注　injection directe をこの様に訳してみた．

ある.

(加群の準同型写像f:L → M は，それが一対一写像で，かつf(L)が M の直和因子であるとき，**分解型の埋め込み写像**と呼ばれる；これは，r:M → L が存在して，$r\circ f=1$ となる，ということと同値である.)

Res が一対一写像であることは容易にわかる．これがさらに分解型であることをみるには，考えている群が有限型で自由であるから，余核にねじれがない(すなわち余核中に位数有限の元が 0 以外にはない)ことを証明すれば十分である．従って，$f=(f_{\mathrm{H}})_{\mathrm{H}\in\mathrm{X}}$ を，$\bigoplus$R(H)の元とし，$nf=\mathrm{Res}\,\varphi$，ここで $\varphi\in\mathrm{R(G)}$，となる零でない整数 n が存在するならば，$f\in\mathrm{Im(Res)}$を得ることを示さなければならない．そのためには，定理 21 を，函数 φ/n 及び環 $\mathbf{Z}$ に適用すればよい．

[双対性の方法によって論ずることも可能である：問題の群 $\bigoplus$R(H) 及び R(G) が，有限型の自由加群であるから，Res が，分解型の埋め込み写像であることを示すことは，その転置写像が上への写像であることを示すことと同値である．ところで，Res の転置写像は，

$$\mathrm{Ind}\colon \bigoplus \mathrm{R(H)} \to \mathrm{R(G)},$$

であり，これはブラウアーの定理により，確かに上への写像である.]

11.2. フロベニウスの一定理

§10 に於ける如く，1 の g 乗根全体で生成された $\mathbf{C}$ の部分環を，A とあらわす，ここで $g=\mathrm{Card(G)}$ とする.

n を整数$\geqslant 1$ とし，(g,n)を，g と n との最大公約数とする．f を G 上の函数とするとき，函数 $x\longmapsto f(x^n)$を，$\Psi^n f$ とあらわす．作用素 Ψ^n は，R(G)をそれ自身の中にうつすことが容易に確かめられる(n° 9.1，練習問題 3 参照)．さらに；

定理 23. f を，A に値をもつ G 上の中心的函数とすると，函数$\dfrac{g}{(g,n)}\Psi^n f$ は，A$\otimes$R(G)に属する.

cをGの一つの共役類とするとき，cの特性函数，すなわちc上で1，G$-c$上で0，をとる函数をf_cとあらわす．函数$\Psi^n f_c$は次式で与えられる：

$$\Psi^n f_c(x) = \begin{cases} 1 & x^n \in c \text{ の場合,} \\ 0 & \text{それ以外の場合.} \end{cases}$$

Aに値をもつ任意の中心的函数は，f_c達の一次結合である．従って，定理23は次に同値である：

定理 23′. Gの任意の共役類cに対して，函数$\dfrac{g}{(g,n)}\Psi^n f_c$は，A⊗R(G)に属する．

さらにこの内容を次のようにいいかえることが出来る：

定理 23″. Gの任意の共役類c及びGの任意の指標χに対して，$\dfrac{1}{(g,n)}\sum_{x^n \in c} \chi(x) \in \mathrm{A}$である．

χとして単位指標をとると，これより，

系 1. $x^n \in c$なる元$x \in \mathrm{G}$の個数は，(g,n)の倍数である．

特に，

系 2. nがGの位数の約数ならば，$x^n=1$なる$x \in \mathrm{G}$の個数は，nの倍数である．

(これについて，フロベニウスの一つの予想を記そう：$s^n=1$なる$s \in \mathrm{G}$全体の集合G_nがn個の元をもてば，G_nはGの部分群である.)

定理 23 の証明(R. Brauerによる)．定理21により，Gの任意の基本部分群Hへの，函数$\dfrac{g}{(g,n)}\Psi^n f$の制限が，A⊗R(H)に属することを示せば十分である．さて，Hの位数をhとすると，$g/(g,n)$は，$h/(h,n)$で割り切れる．従って，$\dfrac{h}{(h,n)}\Psi^n(\mathrm{Res_H} f)$が，A⊗R(H)に属することを示せば十分である．換言すれば，始めからGが基本群のとき定理を証明することに帰着される．基本群は，p-群達の直積であるから，p-群の場合を扱えば十分である．このような群の既約指標は，1次の指標から誘導される，という事実を用いると，結局次のことを証明することに帰着される．

補題10. Gをp-群，cをGの一つの共役類とする．χをGの1次の指標とし，$a_c=\sum_{x^n\in c}\chi(x)$とおく．このとき，$a_c\equiv 0$ (mod.(g,n)A)である．

まずa_cの和(χを固定し，cを動かしたときの)は，$\sum_{x\in G}\chi(x)$に等しい，すなわち，$\chi=1$ならばg，そうでなければ0となる，ことに注意する．従って，$\sum_c a_c\equiv 0$ (mod.(g,n))が得られる．従って補題10を，単位元の共役類以外の共役類cに対して証明すれば十分である．

nを，$p^a m$，ただし$(p,m)=1$，の形に書く．cの元の共通な位数をp^bとし，$x^n\in c$なる$x\in$G全体の集合をCとする．$x^n=x^{p^a m}$は，位数$p^b>1$であって，Gはp-群であるから，xの位数はp^{a+b}である．これより，zを，$z\equiv 1$ (mod. p^b)なる整数とすると，$(x^z)^n=x^n$を得ることがわかり，従って，$x^z\in$Cが得られる；さらに$x^z=x$なる必要十分条件は，$z\equiv 1$ (mod. p^{a+b})である．いいかえると，$(\mathbf{Z}/p^{a+b}\mathbf{Z})^*$の，$p^b$を法として1に合同な元全体よりなる部分群$\Gamma$は，C上自由に作用する．(すなわち$\Gamma$の非単位元はC上に固定点を持たない．)従って集合Cは，Γの作用に関する軌道にわけられる．そして，各軌道の上の$\chi(x)$の和が，環Aに於て，(g,n)で割れることを証明すれば十分である．

このような軌道は，元$x^{1+p^b t}$，ここでtは$t\in\mathbf{Z}/p^a\mathbf{Z}$上を動く，からなる．この軌道の上の$\chi$の値の和は従って，

$$a_c(x)=\chi(x)\sum_{t \bmod . p^a} z^t, \qquad \text{ここで}\quad z=\chi(x^{p^b})$$

に等しい．一方$\chi(x)$は，1のp^{a+b}乗根であり，zは1のp^a乗根である．従って，

$$\sum_{t \bmod . p^a} z^t=\begin{cases} p^a & z=1\ \text{の場合}, \\ 0 & z\neq 1\ \text{の場合}, \end{cases}$$

を得る．よって$a_c(x)$はp^aで割れることがわかり，従って当然(g,n)で割りきれる．

練習問題

fは，$\mathbf{Q}$に値をもつG上の中心的函数であって，gと素な任意のmに対して，$f(x^m)=f(x)$なるもの，とする．fは，$\mathbf{Q}\otimes$R(G)に属することを示せ．(巡

回群の場合に帰着させるために定理21′を用いよ.）これより定理23をもちいて，さらにfが$\mathbf{Z}$に値をもつならば，函数$\dfrac{g}{(g,n)}\Psi^n f$は，R(G)に属することを導け．これを，単位元の共役類の特性函数に適用せよ．

11.3. ブラウアーの定理の逆

文字A及びgは，前の節と同じ意味である．

補題 11. pを素数とする．xをGのp'-元，Cをxで生成される部分群，PをGに於けるxの中心化群Z(x)の一つのp-シロー部分群とする．HをGの部分群であって，C×Pに共役などんな部分群も含まぬものとし，またψをAに値をもつH上の中心的函数とし，$\psi'=\mathrm{Ind}_{\mathrm{H}}^{\mathrm{G}}\psi$とおく．このとき，$\psi'(x)\equiv 0$ (mod. pA)が成り立つ．

S(x)をxの共役元全体の集合とする．

$$\psi'(x)=\frac{\mathrm{Card}\,\mathrm{Z}(x)}{\mathrm{Card}\,\mathrm{H}}\sum_{y\in \mathrm{S}(x)\cap \mathrm{H}}\psi(y),$$

である．$(\mathrm{Y}_i)_{i\in\mathrm{I}}$を，S($x$)∩Hに含まれるHの異なる共役類のすべてとし，各$\mathrm{Y}_i$より一元$y_i$を選ぶ．H中の$y_i$の共役元の個数はCard Y_iに等しい；これは又，(H:H∩Z(y_i))にも等しい．従って，

$$\psi'(x)=\frac{\mathrm{Card}\,\mathrm{Z}(x)}{\mathrm{Card}\,\mathrm{H}}\sum_{i\in\mathrm{I}}\mathrm{Card}\,\mathrm{Y}_i\cdot\psi(y_i),$$

$$=\sum_{i\in\mathrm{I}}n_i\psi(y_i),\qquad \text{ここで，}\ n_i=\frac{\mathrm{Card}\,\mathrm{Z}(y_i)}{\mathrm{Card}(\mathrm{H}\cap\mathrm{Z}(y_i))},$$

を得る．

ある$i\in\mathrm{I}$に対し，$n_i\not\equiv 0$ (mod. p)であると仮定する．このとき，Card Z(y_i)とCard(H∩Z(y_i))とはpの同じ巾で割り切れる；従って，H∩Z(y_i)のp-シロー部分群P_iは，Z(y_i)のp-シロー部分群でもある．C_iをy_iで生成される巡回群とすると，$\mathrm{C}_i\times\mathrm{P}_i$はHに含まれ，これは$y_i$に対応する$p$-基本部分群である．$y_i$と$x$とは共役だから，$\mathrm{C}_i\times\mathrm{P}_i$はC×Pに共役である．これは，Hに関する

仮定に矛盾する．従って各 i に対し，$n_i\equiv 0 \pmod{p}$を得る．これより明らかに，$\psi'(x)\equiv 0 \pmod{p\mathrm{A}}$である．

定理 24(J. Green). $(\mathrm{H}_i)_{i\in \mathrm{I}}$を，G の部分群よりなる一つの族であって，$\mathrm{R(G)}=\sum_{i\in \mathrm{I}} \mathrm{Ind\,R}(\mathrm{H}_i)$なるもの，とする．G の各基本部分群は，ある H_i の共役群に含まれる．

C×P を G の一つの p-基本部分群とする；この基本部分群は極大である，従って G のある p'-元 x に対応するものである，と仮定することが出来る．もし C×P が，どの H_i の共役群にも含まれないとすると，上の補題により，各 $\chi\in\sum \mathrm{Ind\,R}(\mathrm{H}_i)$に対し，$\chi(x)\equiv 0 \pmod{p\mathrm{A}}$が示される．従ってまた，G の単位指標についてもこれが成り立つ．これはおかしい．

別のいい方をすれば，基本部分群の族は，ブラウアーの定理が成り立つ族のうち《最小》のものである．

11.4. A⊗R(G)のスペクトル

C を可換環とするとき，C の素イデアル全体の集合を，C の**スペクトル**と呼び，Spec(C)とあらわす．Bourbaki，可換代数，第2章参照．

ここでは，環 A⊗R(G)のスペクトルを決定することを考える(同様に，R(G)のスペクトルをも与えることが出来るが，結果はより複雑である)．

Cl(G)を，G の共役類全体の集合とする；環 $\mathrm{A}^{\mathrm{Cl(G)}}$は，A に値をとる G 上の中心的函数全体の環と同一視される；f をこの環の元とし，c を一つの共役類とするとき，c の任意の元に於ける f の値を，$f(c)$とあらわす．二つの一対一環準同型写像(埋め込み写像)$\mathrm{A}\to \mathrm{A}\otimes\mathrm{R(G)}\to \mathrm{A}^{\mathrm{Cl(G)}}$は写像

$$\mathrm{Spec}(\mathrm{A}^{\mathrm{Cl(G)}})\to \mathrm{Spec}(\mathrm{A}\otimes \mathrm{R(G)})\to \mathrm{Spec(A)},$$

を定義する．この二つの写像は，上への写像である；このことは，例えば，$\mathrm{A}^{\mathrm{Cl(G)}}$が A 上(さらに **Z** 上も)整であることから導かれる，Bourbaki，可換代数，第4章，§2参照．

他方，Spec(A)は，イデアル0及びAの極大イデアルよりなることが知られている．さらに，イデアルMがAで極大ならば，Mによる剰余体A/Mは有限である；その標数を，Mの**剰余標数**とよぶ．

$A^{Cl(G)}$のスペクトルは，Cl(G)×Spec(A)と同一視される：各$c \in Cl(G)$及び各$M \in Spec(A)$に対し，$f(c) \in M$なる$f \in A^{Cl(G)}$全体よりなる素イデアルM_cを対応させるのである．M_cのSpec(A⊗R(G))に於ける像は，素イデアル$P_{M,c} = M_c \cap (A \otimes R(G))$である．

命題 30. いま，

i) 各類$c \in Cl(G)$に対し，$P_{0,c}$を対応させ，

ii) 各p-正則類c及び剰余標数pなるAの各極大イデアルMに対し，$P_{M,c}$を対応させる．

このようにして，A⊗R(G)の全ての素イデアルがちょうど1回ずつ得られる．

(共役類がp-正則とは，それがp'-元よりなることをいう，n° 10.1 参照)

$Spec(A^{Cl(G)}) \to Spec(A \otimes R(G))$は上への写像だから(上記を参照)，A⊗R(G)の任意の素イデアル$\mathfrak{p}$は，$P_{M,c}$なる形である；$\mathfrak{p} \cap A = M$であるから，$\mathfrak{p}$はMを決定することがわかる．従って一切が，二つの類c_1及びc_2に対し，$P_{M,c_1} = P_{M,c_2}$となるのはいつかをきめることに帰着される．それ故命題30は，次の結果より得られる．

命題 30′. i) M=0ならば，$P_{0,c_1} = P_{0,c_2}$は，$c_1 = c_2$と同値である．

ii) Mは≠0とし，かつその剰余標数をpとする．c_1', c_2'をそれぞれc_1, c_2の元のp'-成分のなす類とする．このとき，$P_{M,c_1} = P_{M,c_2}$は，$c_1' = c_2'$と同値である．

i)のためには，$c_1 \neq c_2$ならば，$f(c_1) \neq 0$，$f(c_2) = 0$なる元$f \in A \otimes R(G)$が存在することを示さねばならないが，これは容易である(fとして，c_1に於てgに等しく，他で0となるものをとることが出来る)．

Mの剰余標数がpならば，補題7の論法と似た簡単な論法により，$P_{M,c_1} = P_{M,c_1'}$を示すことが出来る(n° 10.3，練習問題2参照)．他方，補題8により，

$c_1' \neq c_2'$ ならば $P_{M,c_1'} \neq P_{M,c_2'}$ が示される．これより，ii)が得られる．

注意. 1) Iを，A⊗R(G)のイデアルとする．IがA⊗R(G)に等しいことを示すには，Iがどんな素イデアル $P_{M,c}$ にも含まれないことを証明すれば十分である；これが，ブラウアーの定理の証明に於てとった方法である(下の練習問題6をもみよ).

2) Spec(A⊗R(G))を，種々の異なる類 c に対応する《直線》D_c の和集合として，図形によってあらわすことが出来る．ここで，それぞれの直線は，Spec(A)をあらわし，これらの直線は，次のように《交わる》: D_{c_1} 及び D_{c_2} が，Aの剰余標数 p のイデアルM上に共通点をもつための必要十分条件は，c_1 及び c_2 の p'-成分が等しいことである．

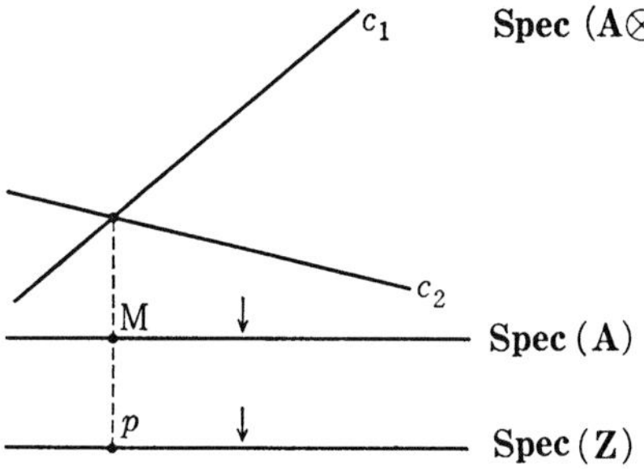

命題 31. Spec(A⊗R(G))は，ザリスキー位相に関して連結である．

(Cを可換環とする．Spec(C)の部分集合Fが，ザリスキー位相に関して閉集合であるための必要十分条件は，Cの或る部分集合Hが存在して，$\mathfrak{p} \in F \Leftrightarrow \mathfrak{p} \supset H$，となることである．)

x を，Gの位数 $p_1^{n_1} p_2^{n_2} \cdots p_k^{n_k}$ の元とする．x は積 $x = x_{p_1} x_{p_2} \cdots x_{p_k}$ に分解する，ただし x_{p_i} は，位数が $p_i^{n_i}$ とする．x の属する類と，$x_{p_2} \cdots x_{p_k}$ の属する類は，同じ p_1-正則成分をもつ．従って，Spec(A⊗R(G))の対応する《直線》は交わる；さらに，これらの直線は，Spec(A)に同型であるから連結である．このようにして次第に，単位元の共役類にまで達することが出来るので，Spec(A⊗R(G))は連結であることがわかる．

系. Spec R(G)は連結である.

事実，Spec R(G)は，Spec(A⊗R(G))の，連続写像による像である.

例. Gとして対称群$\mathfrak{S}_3$をとろう．次の3個の類がある：1，c_2(位数2の元を含む)，及びc_3(位数3の元を含む)．環Aには剰余標数2の素イデアル$\mathfrak{p}_2$がただ一個ある；3についても同様である．A⊗R(G)のスペクトルは，下に示されるように交わる三つの《直線》よりなる：

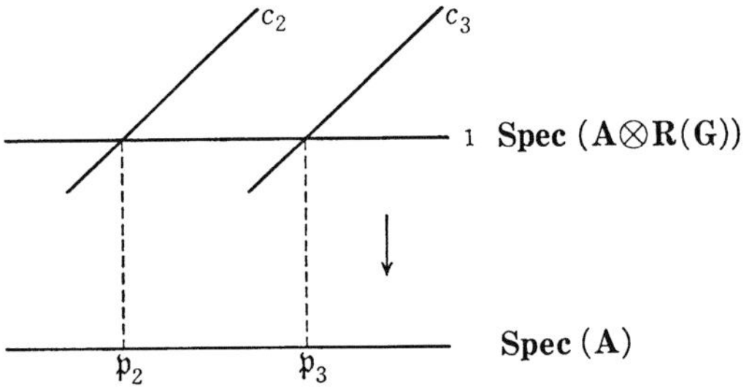

注意. この節の結果は，G. Segalにより，コンパクト・リー群に拡張された(*Publ. Math. I. H. E. S.*, 34, 1968).

練 習 問 題

1) $P_{M,c}$の剰余体は，A/Mであることを示せ.

2) BがA–多元環であるとき，Spec(B⊗R(G))を，Spec(B)の函数として決めよ(命題30及び30′と同じ方法).

3) KをAの商体とし，ΓをKの**Q**上のガロア群とする．Γが，$(\mathbf{Z}/g\mathbf{Z})^*$に同型であることは認めることにしよう．$\Gamma$のA上の作用を通じて，$\Gamma$を，A⊗R(G)に作用させる；Spec(A⊗R(G))上の対応する作用を決定せよ．R(G)がA⊗R(G)のΓで不変な元全体よりなる部分環であることに注意して，これから，Spec(R(G))を導け.

4) Gが可換のとき，Spec(A[G])を決定せよ．(A[G]は，A⊗R($\hat{G}$)に同一視されることに注意せよ，ここで$\hat{G}$はGの双対である，n° 3.1，練習問題3参照.)

5) Bを，次の条件をみたす函数f全体よりなる$A^{Cl(G)}$の部分環とする：A

の任意の極大イデアル M 及び任意の共役類 c に対し，M の剰余標数を p，c の p'-正則成分を c' とするとき，$f(c)\equiv f(c')$ (mod. M). すると A⊗R(G)⊂B が成り立ち，かつこの二つの環は同じスペクトルをもつ；これら二つの環が異なる例をあげよ．

6) H を G の部分群とし，I_H を，$A\otimes\mathrm{Ind}_H^G$ の像のなす A⊗R(G) のイデアルとする．

a) c を G の一つの類とする．I_H が $P_{0,c}$ に含まれる必要十分条件は，$H\cap c=\varnothing$ であることを示せ．

b) c を p-正則類とし，M を p を含む A の素イデアルとする．I_H が $P_{M,c}$ に含まれるための必要十分条件は，H が c の元に対応する p-基本部分群を含まぬことである．

c) b) より定理 18 及び 24 の別証を導け．

12. 有理性の問題

いままで，我々は複素数体 **C** 上で定義された表現のみを研究してきた．実は，前の各節の証明は，標数 0 の**代数的閉体**，例えば，**Q** の代数的閉包，ならそのまま，成り立つのである；ここでは，代数的閉体ではない体に対して，どうなるかを見ることにしよう．

12.1. 環 $\mathbf{R}_{\mathbf{K}}(\mathbf{G})$ 及び $\overline{\mathbf{R}}_{\mathbf{K}}(\mathbf{G})$

この節に於ては，標数 0 の一つの体を K によりあらわし，K の代数的閉包を C によりあらわす．V を K–ベクトル空間とするとき，V の係数体を K から C に拡張して得られる C–ベクトル空間 $C\otimes_K V$ を，V_C によりあらわす．G を有限群とすると，体 K 上の任意の線型表現 $\rho: G \to \mathbf{GL}(V)$ は，体 C 上の表現

$$\rho_C: G \to \mathbf{GL}(V) \to \mathbf{GL}(V_C)$$

を定義する；《加群》の見地(n° 6.1 参照)からは，

$$V_C = C[G] \otimes_{K[G]} V$$

である．ρ の指標 $\chi_\rho = \mathrm{Tr}(\rho)$ は，ρ_C の指標と等しい；これは，K に値をもつ G 上の中心的函数である．

G の K 上の表現の指標全体で生成される群を，$R_K(G)$ とあらわす；これは，§§ 9, 10, 11 に於て調べた環 $R(G) = R_C(G)$ の部分環である．

$R_K(G)$ を，有限型の K[G]–加群のなすカテゴリーの，グロタンディック群として定義することも出来るのである，第 III 部，§ 14 参照．

命題 32. (V_i, ρ_i) 達を，G の相異なる K 上の既約線型表現全体(同型を除いて)とし，χ_i を対応する指標とする．このとき：

a) χ_i 達は，$R_K(G)$ の一つの基底をなす．

b) χ_i 達は互に直交する．

［これは，いつもの通り，双一次形式 $\langle\varphi, \psi\rangle = \frac{1}{g}\sum_{s\in G}\varphi(s^{-1})\psi(s)$ に関する直交性である．］

χ_i 達が $R_K(G)$ を生成することは明らかである．他方 $i \neq j$ ならば，$\mathrm{Hom}^G(V_i, V_j) = 0$ が成り立つ．さて一般に，V, W が指標 χ_V，χ_W をもてば，次の式が成り立つ．

$$\dim_K \mathrm{Hom}^G(V, W) = \dim_C \mathrm{Hom}^G(V_C, W_C) = \langle\chi_V, \chi_W\rangle,$$

n° 7.2 補題 2 参照．これより，$i \neq j$ ならば $\langle\chi_i, \chi_j\rangle = 0$ であること，及び，$\langle\chi_i, \chi_i\rangle = \dim.\mathrm{End}^G(V_i)$ は，整数 $\geqslant 1$ であること（1 に等しい必要十分条件は，V_C が既約であること，すなわち V が**絶対既約**であること，Bourbaki[8]，§13, n°4 参照)が結論される．これより確かに，χ_i 達が線型独立であることが得られる．

G の C 上の線型表現が，**K 上実現可能**(又は **K 上有理的**)であるとは，それが ρ_C の形の表現に同型で，しかも ρ は，G の K 上のある線型表現となることをいう；これは，その表現が，K-成分の行列で実現できるということと同値である．

命題 33. G の C 上の線型表現が，K 上実現可能であるための必要十分条件は，その指標が $R_K(G)$ に属すること，である．

条件は明らかに必要である．逆に条件が満たされていると仮定し，χ を与えられた表現の指標とする．命題 32 により，$\chi = \sum n_i\chi_i$，を得る，ここで $n_i \in \mathbf{Z}$ である．

これより，各 i に対して，

$$\langle\chi, \chi_i\rangle = n_i\langle\chi_i, \chi_i\rangle,$$

が得られる．しかし χ は，G の C 上の表現の指標であるから，内積 $\langle\chi, \chi_i\rangle$ は，正又は 0 である．これより n_i は正又は 0 であることが結論され，従って与えられた表現は，各 V_i を n_i 回ずつ繰り返して作った直和によって実現可能である．(同じ論法により，問題の実現の仕方は，K-同型写像を除いて，一意的であることが示される．)

環 $R_K(G)$ と並んで，Kに値をとる $R(G)$ の元全体よりなる部分環 $\bar{R}_K(G)$ を考えることがある．明らかに，$R_K(G)\subset\bar{R}_K(G)$ が成り立つ．さらに：

命題 34. 群 $R_K(G)$ は，$\bar{R}_K(G)$ の有限指数の部分群である．

まず，G の C 上の任意の既約表現は，K のある有限次拡大体上で実現可能であることに注意する(対応する行列表現の成分によって生成された有限次拡大体を考えよ)．これより，$R_L(G)=R(G)$ となるような K の有限次拡大体 L が存在することが結論される；$d=[L:K]$ をこの拡大の次数とする．すると，この命題は，次の補題より得られる：

補題 12. $d.\bar{R}_K(G)\subset R_K(G)$ が成立する．

まず V を，G の L 上の線型表現とし，χ をその指標とする．係数体の制限により，V を K-ベクトル空間(d 倍の次元をもつ)と考え，さらに G の K 上の表現と考えることが出来る；すぐにわかるように，この表現の指標は，$\mathrm{Tr}_{L/K}(\chi)$ に等しい．ただし $\mathrm{Tr}_{L/K}$ は，拡大 L/K に対応するトレースをあらわす[訳注]．これより線型性により，$R_L(G)$ の任意の元 χ に対し，$\mathrm{Tr}_{L/K}(\chi)\in R_K(G)$ が成り立つことが結論される．

特に，$\chi\in\bar{R}_K(G)$ をとろう，すなわち，χ の値は K に属するものと仮定する．このとき，$\mathrm{Tr}_{L/K}(\chi)=d\chi$ が成り立つ；これより $d\chi\in R_K(G)$ となり，証明が終る．

12.2. シューアの指数

前の節の結果は，半単純多元環の理論を用いてあらためて導き(さらに精密化し)得る．いかに行なうか概略を手短かに示そう：

訳注 K 上のベクトル空間として L の基底 $a_1,\cdots,a_d$ をとり，$z\in L$ に対して，$za_i=\sum\zeta_{ji}a_j$, $\zeta_{ji}\in K, (1\leqslant i\leqslant d)$ とおけば，$\mathrm{Tr}_{L/K}(z)=\zeta_{11}+\zeta_{22}+\cdots+\zeta_{dd}$ である．

多元環K[G]は，GのK上の異なる既約表現V_iに対応する単純多元環A_i達の直和である．$D_i = \mathrm{Hom}^G(V_i, V_i)$を$V_i$の交換子環とすると，$D_i$は斜体(一般には可換でない)すなわち可除環であり，A_iは，D_i-ベクトル空間V_iの自己準同型写像全体のなす多元環$\mathrm{End}_{D_i}(V_i)$と同一視される．従って，$[V_i:D_i]=n_i$とすると，$A_i \cong \mathbf{M}_{n_i}(D_i)$ (D_i上の全行列環)が得られる．さらに，D_iのその中心K_i上の次数は，平方数となる．それをm_i^2としよう．このとき整数m_iを，表現V_i(又は成分A_i)の**シューアの指数**と呼ぶ．

$s \in G$とし，$\rho_i(s)$を対応するV_iの準同型写像とする．$\rho_i(s)$の三種の《トレース》を考える：

a) K–準同型写像としてのトレース；これは上に$\chi_i(s)$と記したKの元である；

b) K_i–準同型写像としてのトレース；これは，K_iの元であり，以下で$\varphi_i(s)$とあらわす；

c) 単純多元環A_iの元としての**被約トレース**(例えば[8]，§12，n° 3参照)；これはK_iの元であり，以下で$\psi_i(s)$とあらわす．

これら種々のトレースは次の式でむすばれている，

$$\chi_i(s) = \mathrm{Tr}_{K_i/K}(\varphi_i(s)) \quad 及び \quad \varphi_i(s) = m_i\psi_i(s).$$

いま，$\sum_i$を，体K_iから代数的閉体Cの中へのK–準同型写像全体の集合とする．$\sigma \in \sum_i$として，σにより($K_i \subset C$と見做して)係数をK_iからCへ拡張すると，D_iは，全行列環$\mathbf{M}_{m_i}(C)$に移行し，従って，A_iは$\mathbf{M}_{n_i m_i}(C)$に移行する．$G \to A_i \to \mathbf{M}_{n_i m_i}(C)$と合成写像をつくれば，GのC上の既約表現を得る．この次数は，$n_i m_i$であり，指標は$\psi_{i,\sigma} = \sigma(\psi_i)$である．固定した$i$に対して，指標$\psi_{i,\sigma}$達は互に共役である：すなわちCのK上のガロア群が，それらを可移に置換する．他方，GのC上の任意の既約指標は，$\psi_{i,\sigma}$の一つに等しい．

$$\chi_i = \mathrm{Tr}_{K_i/K}(\varphi_i) = \sum_{\sigma \in \sum_i} \sigma(\varphi_i) = m_i \sum_{\sigma \in \sum_i} \psi_{i,\sigma},$$

が成り立つ[訳注]．これはχ_iのC上での既約指標の和への分解を与える．

訳注　$x \in K_i$に対して$\mathrm{Tr}_{K_i/K}(x) = \sum_{\sigma \in \sum_i} \sigma(x)$が成り立つことを用いている．

さて，$\chi=\sum_{i,\sigma} d_{i,\sigma}\psi_{i,\sigma}$ を，R(G)の元とする，ここで，$d_{i,\sigma}$ は整数とする．χ が K に値をもつための必要十分条件は，これがCのK上のガロア群で不変であること，すなわち，$d_{i,\sigma}$ が i にしか依存しないこと，である．その条件が満たされるとき，共通な値を d_i と書くと，

$$\chi=\sum_i d_i(\sum_\sigma \psi_{i,\sigma})=\sum_i d_i\chi_i/m_i\,,$$

が得られる．これより次の命題が得られる．これは命題34を精密にしたものである．

命題 35. 指標 χ_i/m_i 達が，$\bar{\mathrm{R}}_{\mathrm{K}}(\mathrm{G})$ の一つの基底をなす．

全ての D_i が可換，又は同じことであるが，シューアの指数 m_i が全て1に等しいとき，K[G]は**被分解**である，という．命題35より；

系． $\mathrm{R}_{\mathrm{K}}(\mathrm{G})=\bar{\mathrm{R}}_{\mathrm{K}}(\mathrm{G})$ であるための必要十分条件は，K[G]が被分解なることである．

特に，次の各々の場合，$\mathrm{R}_{\mathrm{K}}(\mathrm{G})=\bar{\mathrm{R}}_{\mathrm{K}}(\mathrm{G})$ が成り立つ．

i)　Gは可換であるとき(このとき，K[G]及び全ての D_i は可換であるから)．

ii)　Kのブラウアー群が自明であるとき．(すなわちK上有限次の斜体(可除環)であって，かつKを中心にもつものがKに限るとき．)

練習問題

1)　§5に於て考察した有限群の，全てのシューアの指数は1に等しいことを示せ．

2)　Gとして交代群 $\mathfrak{A}_4$ をとる，n°5.7参照．**Q**[G]の単純成分への直和分解(積分解)は

$$\mathbf{Q}[\mathrm{G}]=\mathbf{Q}\times\mathbf{Q}(w)\times\mathbf{M}_3(\mathbf{Q})$$

の形となることを示せ，ここで $\mathbf{Q}(w)$ は，**Q** に1の3乗根 w を添加して得られる **Q** の二次拡大である．

3)　Gとして四元数群 $\{\pm 1, \pm i, \pm j, \pm k\}$ をとる．群Gは，$\{\pm 1\}$ に値をもつ4個の1次指標をもつ．他方Gの，**Q** 上の四元数体 $\mathbf{H}_{\mathbf{Q}}$ の中への自然な埋め込

みは，上への準同型写像 $\mathbf{Q}[G] \to \mathbf{H}_{\mathbf{Q}}$ を定義する．$\mathbf{Q}[G]$ の単純成分への分解は，

$$\mathbf{Q}[G] = \mathbf{Q} \times \mathbf{Q} \times \mathbf{Q} \times \mathbf{Q} \times \mathbf{H}_{\mathbf{Q}}$$

であることを示せ．最後の成分のシューアの指数は 2 に等しい．対応する指標 ψ は，次式で与えられる．

$$\psi(1) = 2, \quad \psi(-1) = -2, \quad s \neq \pm 1 \text{ のとき } \psi(s) = 0 .$$

これより K[G] が被分解であるための必要十分条件は，$K \otimes \mathbf{H}_{\mathbf{Q}}$ が $\mathbf{M}_2(K)$ に同型であることを導け；これは，-1 が K 中で二つの平方数の和であることと同値であることを示せ．

4) シューアの指数 m_i は，G の中心の指数 a を割ることを示せ．(指標 $\psi_{i,\sigma}$ の既約表現の次数は，$n_i m_i$ であることに注目し，n° 6.5 の命題 17 を用いよ．) これより，$a. \bar{R}_K(G)$ は $R_K(G)$ に含まれることを導け．

5) L を K の有限次拡大体とする．L[G] が被分解ならば，[L:K] は，全てのシューアの指数 m_i で割り切れることを示せ．

12.3. 円分体上の実現可能性

前の節の記号をそのまま用いる．G の元の位数の最小公倍数を m とする；これは g の約数である．

定理 25 (ブラウアー)．K が 1 の m 乗根を全部含めば，$R_K(G) = R(G)$ が成り立つ．

命題 33 を考えると，これより；

系．G の任意の線型表現は，K 上実現可能である．
(この結果は，シューアによって予想されていた．)

$\chi \in R(G)$ とする．n° 10.5 の定理 20 によって，これを次の形に書くことが出来る．

$$\chi = \sum n_i \operatorname{Ind}_{H_i}^{G}(\varphi_i), \qquad (n_i \in \mathbf{Z})$$

ここで，φ_i は G のある部分群 H_i の 1 次の指標である．φ_i の値は，1 の m 乗

根であり，Kに属する．従って，$\varphi_i \in R_K(H_i)$が得られる．ところで，HをGの部分群とするとき，Ind_H^Gが，$R_K(H)$を$R_K(G)$に移すことは明らかである．従って，各iに対して，$\mathrm{Ind}_{H_i}^G(\varphi_i) \in R_K(G)$となり，定理が証明される．

練習問題

Gの任意の体上のシューアの指数は，mにおけるオイラー函数の値$\varphi(m)$を割ることを示せ(n° 12.2 の練習問題5を用いよ)．

12.4. 群 $R_K(G)$ の階数

標数0の任意の体Kの場合にもどろう．群$R_K(G)$の階数，同じことになるが，GのK上の既約表現の個数，を決めよう．

Gの元の位数の共通の倍数である整数mを選ぶ(例えば，その最小公倍数，又はGの位数g)．そして，Lを，Kに1のm乗根全部を付加して得られる体とする．拡大L/Kはガロア拡大であり，そのガロア群Gal(L/K)は，$\mathbf{Z}/m\mathbf{Z}$の可逆元全体のなす乗法群$(\mathbf{Z}/m\mathbf{Z})^*$の部分群であることが知られている(例えば，Bourbaki，代数，第5章，§11参照)．更に正確には，$\sigma \in \mathrm{Gal}(L/K)$とすると，

$$w^m = 1 \quad \text{のとき，} \sigma(w) = w^t,$$

となる元$t \in (\mathbf{Z}/m\mathbf{Z})^*$が一つ，しかもただ一つ存在する．$(\mathbf{Z}/m\mathbf{Z})^*$中の，Gal(L/K)の像を$\Gamma_K$と書く；$t \in \Gamma_K$とするとき，対応するGal(L/K)の元を$\sigma_t$と書く．前の節で考察した場合は，$\Gamma_K = \{1\}$の場合である．

$s \in G$とし，nを整数とする；Gの元s^nは，nの，sの位数を法とした類にのみ依存し，従って，もちろんmを法とした類によって決定される；特に，s^tは，各$t \in \Gamma_K$に対し定義される．群Γ_KはGを単に集合とみてその上に置換群として作用する．Gの二元s, s'は，s'とs^tとが共役となる$t \in \Gamma_K$が存在するとき，**$\boldsymbol{\Gamma_K}$-共役**といわれる．このように定義された関係は，同値関係であり，mの選び方に依存しない；これに関する同値類を，Gの**$\boldsymbol{\Gamma_K}$-共役類**(又は**K-共役類**)と呼ぶ．

定理 26. G 上の，L に値をもつ，中心的函数 f が，$K\otimes_Z R(G)$ に属するための必要十分条件は，次の(*)が成り立つことである：

(*) 任意の $s\in G$ 及び任意の $t\in \Gamma_K$ に対し，$\sigma_t(f(s))=f(s^t)$.

（換言すれば，任意の $t\in\Gamma_K$ に対し，$\sigma_t(f)=\Psi^t(f)$ が成り立たねばならない，n° 11.2 参照.）

ρ を G の表現とし，指標を χ とする．$s\in G$ とすると，$\rho(s)$ の固有値 w_i は，1 の m 乗根である；$\rho(s^t)$ の固有値は，$w_i{}^t$ である．従って，

$$\sigma_t(\chi(s))=\sigma_t(\sum w_i)=\sum w_i{}^t=\chi(s^t),$$

を得る．これは χ が条件(*)を満足することを示す．線型性により，$K\otimes R(G)$ の全ての元についても同様である．

逆に，f を条件(*)を満たす G 上の中心的函数とする．このとき，

$$f=\sum c_\chi\chi,\qquad c_\chi=\langle f,\chi\rangle,$$

と書くことが出来る，ここで χ は，G の既約指標全体の集合をうごく．c_χ が K に属することを示さねばならない；ガロアの理論により，これは，c_χ が各 σ_t $(t\in\Gamma_K)$ によって不変であることを示すことと同値である．さて，φ,χ を，G 上の二つの中心的函数とするとき，

$$\langle\Psi^t\varphi,\Psi^t\chi\rangle=\langle\varphi,\chi\rangle,$$

が成立する．これはすぐにためすことが出来る．これより，

$$c_\chi=\langle f,\chi\rangle=\langle\Psi^t f,\Psi^t\chi\rangle=\langle\sigma_t(f),\sigma_t(\chi)\rangle=\sigma_t(\langle f,\chi\rangle)=\sigma_t(c_\chi)$$

が成り立ち，定理の証明が完成する．

系 1. G 上の，K に値をもつ中心的函数が，$K\otimes R_K(G)$ に属するための必要十分条件は，それが G の各 Γ_K-共役類上で定数となることである．

$f\in K\otimes R_K(G)$ とすると，各 $s\in G$ に対し，$f(s)\in K$ が成り立ち，従って式(*)より，各 $t\in\Gamma_K$ に対し，$f(s)=f(s^t)$，が示される．これは f が G の各 Γ_K-共役類上で定数であることを意味する．

逆に，f が K に値をもち，G の各 Γ_K-共役類上で定数であると仮定する．条件(*)が満たされるから，従って，上のように，

$$f=\sum\langle f,\chi\rangle\chi,\qquad \text{ここで}\quad \langle f,\chi\rangle\in \mathrm{K},$$

と書くことができる．さらに f が σ_t，$t\in\Gamma_{\mathrm{K}}$，で不変であるということから，$\langle f,\chi\rangle=\langle f,\sigma_t(\chi)\rangle$ が示される：すなわち，共役な二つの指標 χ 及び $\sigma_t(\chi)$ の係数は等しい．同じ共役な類に属する指標をまとめると，f は $\mathrm{Tr}_{\mathrm{L/K}}(\chi)$ の形の指標の線型結合に書くことが出来る．$\mathrm{Tr}_{\mathrm{L/K}}(\chi)$ は，$\mathrm{R_K(G)}$ に属するから（nº 12.1 参照），これによって系が証明される．

［別証：Γ_{K} を，$\mathrm{K}\otimes\mathrm{R(G)}$ 上に，$f\longmapsto\sigma_t(f)=\Psi^t(f)$ により作用させ，固定点の集合が $\mathrm{K}\otimes\mathrm{R_K(G)}$ であることに注意せよ．］

系 2. χ_i を，G の K 上の同型でない既約表現の指標の全体とする．χ_i 達は，各 Γ_{K}–共役類上で定数となる G 上の函数全体のなす空間の一つの基底をなす；その数は，Γ_{K}–共役類の個数に等しい．

これは系 1 より得られる．

注意. 系 1 に於て，$\mathrm{R_K(G)}$ を，$\bar{\mathrm{R}}_{\mathrm{K}}(\mathrm{G})$ でおきかえることが出来る．実際，命題 34 より，$\mathbf{Q}\otimes\mathrm{R_K(G)}=\mathbf{Q}\otimes\bar{\mathrm{R}}_{\mathrm{K}}(\mathrm{G})$ が示され，これより，$\mathrm{K}\otimes\mathrm{R_K(G)}=\mathrm{K}\otimes\bar{\mathrm{R}}_{\mathrm{K}}(\mathrm{G})$ である．

12.5. アルチンの定理の一般化

H を G の部分群とすると，写像

$$\mathrm{Res_H}:\mathrm{R(G)}\to\mathrm{R(H)}\quad \text{及び}\quad \mathrm{Ind_H}:\mathrm{R(H)}\to\mathrm{R(G)}$$

が，それぞれ，$\mathrm{R_K(G)}$ を $\mathrm{R_K(H)}$ に，また $\mathrm{R_K(H)}$ を $\mathrm{R_K(G)}$ に，写すことは明らかである．従って，アルチンの定理及びブラウアーの定理が，R を $\mathrm{R_K}$ でおきかえても成り立つかどうかを問題にすることが出来る．アルチンの定理については，答は肯定的である：

定理 27. T を G の巡回部分群全体の集合とする．写像の族 $\mathbf{Q}\otimes\mathrm{Ind_H^G}(\mathrm{H}\in\mathrm{T})$ によって定義される写像

$$\mathbf{Q}\otimes\mathrm{Ind}:\bigoplus_{\mathrm{H}\in\mathrm{T}}\mathbf{Q}\otimes\mathrm{R_K(H)}\to\mathbf{Q}\otimes\mathrm{R_K(G)}$$

は，上への写像である.

§9に於て与えた二つの証明は，変更せずにそのまま適用される．最初の証明は，双対性により論ずるのである；このとき，写像

$$\mathbf{Q}\otimes\mathrm{Res}:\mathbf{Q}\otimes\mathrm{R_K(G)}\to\bigoplus_{\mathrm{H}\in\mathrm{T}}\mathbf{Q}\otimes\mathrm{R_K(H)}$$

が一対一であることを示すことに帰着されるが，これは明らかである.

第二の証明は，公式

$$g=\sum_{\mathrm{H}\in\mathrm{T}}\mathrm{Ind}_{\mathrm{H}}^{\mathrm{G}}(\theta_{\mathrm{H}}),\qquad \mathrm{n}^{\circ}\,9.4,\ 命題27参照$$

を用い，θ_{H} が $\mathrm{R_K(H)}$ に属することを証明するのである；この後の論点は，Hの位数に関する帰納法によるか，あるいは，θ_{H} が整値であり従って $\bar{\mathrm{R}}_{\mathrm{K}}(\mathrm{H})$ に属すること，及びHが可換であるから，$\mathrm{R_K(H)}=\bar{\mathrm{R}}_{\mathrm{K}}(\mathrm{H})$ を得ることに注意して証明される．これができれば，上の等式は，定数函数1が，$\mathbf{Q}\otimes\mathrm{Ind}$ の像に属することを示している．この像は，イデアルであるから，これよりたしかに環 $\mathbf{Q}\otimes\mathrm{R_K(G)}$ 全体であることが結論される.

12.6. ブラウアーの定理の一般化

前の節の記号をそのまま用いる．XをGの基本部分群全体の族とするとき，写像 $\mathrm{Ind}:\oplus\mathrm{R_K(H)}\to\mathrm{R_K(G)}$ が一般には上への写像でないことは，容易にわかる(例:$\mathrm{G}=\mathfrak{S}_3$，$\mathrm{K}=\mathbf{R}$)．従ってXをすこし大きな族 $\mathrm{X_K}$，すなわち《Γ_{K}-基本》部分群全体の族，でおきかえることが必要である.

p を素数とする．Gの部分群Hが，**Γ_{K}-p-基本的**であるとは，それが，p-群Pと，次の条件($*_{\mathrm{K}}$)を満たす位数が p と素の巡回群C[注]との半直積であることをいう：

($*_{\mathrm{K}}$)　どの $y\in\mathrm{P}$ に対しても，$t\in\Gamma_{\mathrm{K}}$ が存在して，任意の $x\in\mathrm{C}$ に対し

注　部分群Cと，$\mathrm{n}^{\circ}\,12.1$ で選んだKの代数的閉包(やはりCとあらわした)とを混同しないように気を付けよ：なお，代数的閉包の方は，この節には出てこない.

$yxy^{-1}=x^t$ となる．

($\Gamma_K=\{1\}$の時は，この条件は単に，C と P とが元別に可換であることを意味し，従って，H$=$C$\times$P は，p-基本群である.）

G の部分群は，すくなくとも一つの素数 p に対して，Γ_K-p-基本的であるとき，**Γ_K-基本的**といわれる．

G の Γ_K-基本部分群及び Γ_K-p-基本部分群全体の族を，それぞれ X_K 及び $X_K(p)$ とあらわす．定理 19 と類似した，次の定理が成り立つ．

定理 28. 写像 $\mathrm{Ind}\colon \bigoplus_{H\in X_K} R_K(H)\to R_K(G)$ は上への写像である．

n° 10.5 に於けるように，定理 28 は，一つの固定した素数 p に関する，より精密な次の結果より導かれる：

定理 29. $g=p^n l$ を G の位数とし，$(p,l)=1$ とする．定数函数 l は写像

$$\mathrm{Ind}\colon \bigoplus_{H\in X_K(p)} R_K(H)\ \to\ R_K(G)$$

の像 $V_{K,p}$ に属する．

特に，$V_{K,p}$ の $R_K(G)$ に於ける指数は有限で，p と素である．

この定理の証明は，定理 18′ の証明の完全な類似である(そして K が代数的閉体の時には，この証明が定理 18′ の証明になる)．それを，次の節で与える．ここに，定理 28 からの，二つの帰結を示そう．

命題 36. φ を，G 上の中心的函数とする．φ が $R_K(G)$ に属するための必要十分条件は，G の任意の Γ_K-基本部分群 H に対し，$\mathrm{Res}_H^G\varphi\in R_K(H)$ が成り立つことである．

定理 28 により，次の等式が成り立つ，

$$1=\sum_{H\in X_K}\mathrm{Ind}_H^G f_H,\quad ここで\quad f_H\in R_K(H).$$

φ を掛けるとこれより，

$$\varphi=\sum_{H\in X_K}\varphi.\mathrm{Ind}_H^G f_H=\sum_{H\in X_K}\mathrm{Ind}_H^G(f_H.\mathrm{Res}_H^G\varphi),$$

が得られる．従って，各 $H\in X_K$ に対し，$\mathrm{Res}_H^G\varphi\in R_K(H)$ ならば，$\varphi\in R_K(G)$ が得られる；逆は明らかである．

命題 37. 多元環 K[H], $H \in X_K$, が全て被分解(n° 12.2 参照)ならば, K[G] についても同様である.

$\varphi \in \bar{R}_K(G)$ とする. $H \in X_K$ ならば, $\mathrm{Res}_H^G \varphi \in \bar{R}_K(H)$ であり, K[H] が被分解だから, $\bar{R}_K(H)$ は $R_K(H)$ に等しい(命題 35, 系参照). このとき前の命題より φ は $R_K(G)$ に属することがわかる. これより $\bar{R}_K(G)=R_K(G)$ であり, これは K[G] が被分解であることを意味する.

練習問題

写像

$$\mathrm{Ind}: \bigoplus_{H \in X_K} \bar{R}_K(H) \to \bar{R}_K(G)$$

は, 上への写像であることを示せ. (命題 36 と同じ方法による.)

12.7. 定理 29 の証明

1 の m 乗根全体から生成された L の部分環を, A とする.

補題 13. l が $A \otimes V_{K,p}$ に属すれば, $l \in V_{K,p}$ である.

これは, 補題 5 に対して, n° 10.2 で用いたのと同じ論法によって証明される.

補題 14. A の p を含む素イデアル $\mathfrak{p}_1, \cdots, \mathfrak{p}_h$ は有限個である; 商 $A/\mathfrak{p}_i$ は標数 p の有限体である; $pA \supset (\mathfrak{p}_1 \cap \cdots \cap \mathfrak{p}_h)^N$ なる整数 N が存在する.

$\mathfrak{p}_i$ 達は, A/pA の素イデアルに対応する. A/pA は標数 p の有限環である. 最初の二つの主張はこれからすぐに得られる. 第三のものは, $(\mathfrak{p}_1 \cap \cdots \cap \mathfrak{p}_h)/pA$ はアルチン環 A/pA の根基であり, 従って巾零であることから示される.

補題 15. f は, G 上の函数であって, gA に値をとり, 各 Γ_K-共役類上で定数であるものとする. すると f を次の形に書くことが出来る:

$$f = \sum \mathrm{Ind}_C^G(\varphi_C), \qquad \varphi_C \in A \otimes R_K(C),$$

ここで, C は G の巡回部分群全体の集合上をうごく.

$\varphi = f/g$ とする. 補題 6 の記号のもとで,

$$f=\sum \mathrm{Ind}_{\mathrm{C}}^{\mathrm{G}}(\theta_{\mathrm{C}}.\mathrm{Res}_{\mathrm{C}}^{\mathrm{G}}\varphi)$$

が成り立ち，問題は全て，各Cに対して $\varphi_{\mathrm{C}}=\theta_{\mathrm{C}}.\mathrm{Res}_{\mathrm{C}}^{\mathrm{G}}\varphi$ が $\mathrm{A}\otimes\mathrm{R}_{\mathrm{K}}(\mathrm{C})$ に属することを示すことに帰着する．しかし，φ_{C} の値はCの位数で割り切れる；これより，χ をCの1次の指標とすると，$\langle\varphi_{\mathrm{C}},\chi\rangle\in\mathrm{A}$ が得られることがわかる．さらに，f が Γ_{K}-共役類上で定数であることより，各 $t\in\Gamma_{\mathrm{K}}$ に対して

$$\langle\varphi_{\mathrm{C}},\chi\rangle=\langle\Psi^t\varphi_{\mathrm{C}},\Psi^t\chi\rangle=\langle\varphi_{\mathrm{C}},\Psi^t\chi\rangle$$

が得られる．従って，φ_{C} の分解に於けるK上共役な二つの指標の係数は等しく，φ_{C} を，指標 χ のK上のトレースのA-線型結合としてあらわすことが出来る；従って，確かに $\varphi_{\mathrm{C}}\in\mathrm{A}\otimes\mathrm{R}_{\mathrm{K}}(\mathrm{C})$ が得られる．

補題 16. $x,y\in\mathrm{G}$ を，p'-成分が Γ_{K}-共役であるような二元とする．$f\in\mathrm{A}\otimes\mathrm{R}_{\mathrm{K}}(\mathrm{G})$ ならば，$i=1,\cdots,h$ に対し，

$$f(x)\equiv f(y)\pmod{\mathfrak{p}_i}$$

が得られる．

f は，Γ_{K}-共役類上で定数であることがわかる(定理26，系1参照)．従って，x は y の p'-成分であると仮定することが出来る．となれば，n° 10.3 の補題7の証明に於けると同じ論法を適用すればよい．

補題 17. x を，Gの p'-元，Cを x で生成された巡回部分群，$\mathrm{N}(x)$ を，$yxy^{-1}=x^t$ なる $t\in\Gamma_{\mathrm{K}}$ が存在するような $y\in\mathrm{G}$ 全体の集合(すると $\mathrm{N}(x)$ は部分群となる)とし，Pを，$\mathrm{N}(x)$ の一つの p-シロー部分群とする．このとき：

a) $\mathrm{H}=\mathrm{C.P}$ は，Gの Γ_{K}-p-基本部分群である．

b) CのK上の任意の線型表現は，Hに拡張される．

c) 写像 $\mathrm{Res}:\mathrm{R}_{\mathrm{K}}(\mathrm{H})\to\mathrm{R}_{\mathrm{K}}(\mathrm{C})$ は上への写像である．

主張a)は明らかである．b)を証明するためには，K上の<u>既約</u>表現の場合を考えれば十分である．そのような表現は，一つの準同型写像 $\chi:\mathrm{C}\to\mathrm{L}^*$ から出発して，Cの表現を与えるベクトル空間として，K上 $\chi(\mathrm{C})$ で生成されるLの部分体 K_χ をとり，Cの表現 $\rho:\mathrm{C}\to\mathbf{GL}(\mathrm{K}_\chi)$ を式

$$\rho(s)w=\chi(s)w, \qquad (s\in \mathrm{C}, w\in \mathrm{K}_\chi)$$

と定義して得られる．群 $\Gamma_{\mathrm{K}}=\mathrm{Gal(L/K)}$ は，K_χ 上に K-線型に作用する．$y\in \mathrm{P}$ とし，$yxy^{-1}=x^t$ なる $t\in\Gamma_{\mathrm{K}}$ をとり，$\rho(y)$ を，σ_t の K_χ への制限として定義する．$\rho(y)$ は t のとり方によらぬこと，及び，

$$\rho(y)\rho(x)\rho(y^{-1})=\rho(x^t),$$

が成り立つことがすぐに確かめられる．このことから，上のように定義された C 及び P から $\mathbf{GL}(\mathrm{K}_\chi)$ への準同型写像が，H から $\mathbf{GL}(\mathrm{K}_\chi)$ への準同型写像に延長されることがわかる．これにより b) が証明され，c) は b) から得られる．

n° 10.3 に於ては，$\Gamma_{\mathrm{K}}=\{1\}$ であり，従って $\mathrm{H}=\mathrm{C}\times\mathrm{P}$ となり，上の補題は自明である．

補題 18. 補題 17 の記号をそのまま用いる．誘導された函数 $\phi'=\mathrm{Ind}_{\mathrm{H}}^{\mathrm{G}}\phi$ が次の性質 i) ii) をもつような $\phi\in \mathrm{A}\otimes\mathrm{R_K(H)}$ が存在する：

i) 各 $i=1,\cdots,h$ に対し，$\phi'(x)\not\equiv 0 \pmod{\mathfrak{p}_i}$,

ii) x に Γ_{K}-共役でない G の任意の p'-元 s に対し，$\phi'(s)=0$.

C の位数を c とし，ϕ_{C} を，次のように定義される C 上の函数とする：y が $t\in\Gamma_{\mathrm{K}}$ により x^t なる形ならば，$\phi_{\mathrm{C}}(y)=c$，それ以外のとき $\phi_{\mathrm{C}}(y)=0$．すると $\phi_{\mathrm{C}}\in \mathrm{A}\otimes\mathrm{R_K(C)}$ が得られる：これは，例えば補題 15 を C に適用して得られる．補題 17 により，$\mathrm{Res}_{\mathrm{C}}^{\mathrm{H}}\phi=\phi_{\mathrm{C}}$ なる $\phi\in \mathrm{A}\otimes\mathrm{R_K(H)}$ が存在する．この ϕ が条件を満たすことを示そう：s を G の p'-元とし，$y\in \mathrm{G}$ とすると，ysy^{-1} は p'-元である．$ysy^{-1}\in \mathrm{H}$ ならば，従って，$ysy^{-1}\in\mathrm{C}$ となり，ysy^{-1} がある $t\in\Gamma_{\mathrm{K}}$ により x^t なる形に書けなければ，$\phi(ysy^{-1})$ は零である．これより，s が x に Γ_{K}-共役でなければ，$\phi'(s)=0$ が結論される．これで ii) が証明された．他方，Z を，x^t, $t\in\Gamma_{\mathrm{K}}$，全体の集合とする．

$$\phi'(x)=\frac{1}{\mathrm{Card(H)}}\sum_{yxy^{-1}\in \mathrm{Z}} c=\frac{\mathrm{Card(N(}x))}{\mathrm{Card(P)}},$$

が得られる．P は，N(x) の p-シロー部分群であるから（補題 17 参照），$\phi'(x)$ は p と素な整数であることがわかる，これより i) が得られる．

補題 19. 次の性質をもつ $\varphi\in \mathrm{A}\otimes \mathrm{V}_{\mathrm{K},p}$ が存在する：各 $x\in\mathrm{G}$ 及び各 $i=1,\cdots,h$ に対し，$\varphi(x)\not\equiv 0 \pmod{\mathfrak{p}_i}$.

$(x_\lambda)_{\lambda\in\Lambda}$ を，p-正則な（すなわち p'-元よりなる）Γ_{K}-共役類の一つの代表系とする．各 $\lambda\in\Lambda$ に対し，前の補題より次のような $\varphi_\lambda\in \mathrm{A}\otimes \mathrm{V}_{\mathrm{K},p}$ を構成することが出来る．

$$\varphi_\lambda(x_\lambda)\not\equiv 0 \pmod{\mathfrak{p}_i} \text{ 及び } \lambda\neq\mu \text{ ならば } \varphi_\lambda(x_\mu)=0.$$

$\varphi=\sum_\lambda \varphi_\lambda$ とおく．函数 φ は，$\mathrm{A}\otimes \mathrm{V}_{\mathrm{K},p}$ に属し，G の各 p'-元 x に対して，$\varphi(x)\not\equiv 0 \pmod{\mathfrak{p}_i}$ が成り立つ；このとき，補題 16 により，この結果は，G の任意の元 x に対して成り立つ．

定理 29 の証明のしめくくり

$\varphi\in \mathrm{A}\otimes \mathrm{V}_{\mathrm{K},p}$ を補題 19 の条件を満たすものとする．各 $x\in\mathrm{G}$ 及び各 i に対して，$\varphi(x)$ の $\mathfrak{p}_i$ を法とした類は，体 $\mathrm{A}/\mathfrak{p}_i$ の乗法群に属する．体 $\mathrm{A}/\mathfrak{p}_i$ は有限（補題 14）だから，任意の i に対し，$\varphi^{\mathrm{M}}(x)\equiv 1 \pmod{\mathfrak{p}_i}$ となるような φ の巾 φ^{M} が存在する．補題 14 によりこのとき，$\varphi^{\mathrm{MN}}(x)\equiv 1 \pmod{p\mathrm{A}}$ が成り立ち，φ^{MN} をさらに n 乗して，任意の $x\in\mathrm{G}$ に対し，

$$\psi(x)\equiv 1 \pmod{p^n\mathrm{A}}$$

なる $\psi\in \mathrm{A}\otimes \mathrm{V}_{\mathrm{K},p}$ を得る．函数 $l(\psi-1)$ はこのとき，$p^n l\mathrm{A}=g\mathrm{A}$ に値をもつ．補題 15 により，$l(\psi-1)\in \mathrm{A}\otimes \mathrm{V}_{\mathrm{K},p}$ が成り立つ．引き算をして，l が $\mathrm{A}\otimes \mathrm{V}_{\mathrm{K},p}$ に属することが導かれ，補題 13 によりこれより定理が得られる．

練習問題

環 $\mathrm{A}\otimes \mathrm{R}_{\mathrm{K}}(\mathrm{G})$ のスペクトルをきめよ．（結果は共役類を Γ_{K}-共役類でおきかえることの他は，n° 11.4 の結果と同じである．）

13. 有理性の問題：例

§12の記号をそのまま用いる.

13.1. 有理数体の場合

Gを位数gの有限群とし，mをGの元の位数の一つの公倍数とする．基礎の体として有理数体$\mathbf{Q}$をとり，$\mathbf{Q}(m)$を，$\mathbf{Q}$に1のm乗根全部を附加して得られる体とする．$\mathbf{Q}(m)$の$\mathbf{Q}$上のガロア群は，n° 12.4に於て$\Gamma_{\mathbf{Q}}$とあらわした群であり，群$(\mathbf{Z}/m\mathbf{Z})^*$の部分群である．実は，

定理(ガウス). $\Gamma_{\mathbf{Q}}=(\mathbf{Z}/m\mathbf{Z})^*$が成り立つ.

(これは，mに対する円分多項式Φ_mが，$\underline{\mathbf{Q}\text{上既約}}$であるということと同じになる.)

我々は，この古典的な結果を証明せずに用いることとする；証明は例えば，Lang [10], p. 204, をみよ.

系. Gの二元が$\Gamma_{\mathbf{Q}}$-共役であるための必要十分条件は，それらが生成する巡回部分群が共役なること，である.

n° 12.4の結果を適用して，次の定理が得られる.

定理 30. fを，$\mathbf{Q}(m)$に値をもつG上の中心的函数とする.

a) fが$\mathbf{Q}\otimes \mathrm{R}(\mathrm{G})$に属するための必要十分条件は，$m$と素な任意の$t$に対して，$\sigma_t(f)=\Psi^t(f)$が成り立つことである.

b) fが$\mathbf{Q}\otimes \mathrm{R}_{\mathbf{Q}}(\mathrm{G})$に属するための必要十分条件は，$f$が$\mathbf{Q}$に値をもち，$m$と素な任意の$t$に対して，$\Psi^t(f)=f$が成り立つこと(すなわち，$x, y$がGの同

じ部分群を生成するとき，$f(x)=f(y)$ が成り立つこと）である.

（σ_t は 1 の m 乗根を，その t 乗に写像する $\mathbf{Q}(m)$ の自己同型写像であり，$\Psi^t(f)$ は函数 $x \longmapsto f(x^t)$ をあらわすのであったことを想起されたい.）

系 1. G の $\mathbf{Q}$ 上の既約表現の同型類の個数は，G のあらゆる巡回部分群を共役性によって類別したときの類の個数に等しい.

これは，定理 26，系 2 より得られる.

系 2. 次の性質は同値である：

i) G の任意の指標は $\mathbf{Q}$ に値をもつ.

i′) G の任意の指標は $\mathbf{Z}$ に値をもつ.

ii) 同じ部分群を生成する二つの元は共役である.

i)及び i′)の同値性は，指標の値は代数的整数であり，従って，$\mathbf{Q}$ に属するならば $\mathbf{Z}$ の元であることから得られる. i)及び ii)の同値性は，定理 30 より得られる.

例. 1) 対称群 $\mathfrak{S}_n$ は ii)を満たし，従って i)を満たす. 一方，実は $\mathfrak{S}_n$ の任意の表現は，$\mathbf{Q}$ 上実現可能である，すなわち $\mathrm{R}(\mathfrak{S}_n)=\mathrm{R}_{\mathbf{Q}}(\mathfrak{S}_n)$ である，ことを示すことが出来る.

2) 四元数群 $\mathrm{G}=\{\pm 1, \pm i, \pm j, \pm k\}$ は，系の条件を満たす. 従って，$\bar{\mathrm{R}}_{\mathbf{Q}}(\mathrm{G})=\mathrm{R}(\mathrm{G})$ が成り立つ；群 $\mathrm{R}_{\mathbf{Q}}(\mathrm{G})$ は，$\mathrm{R}(\mathrm{G})$ の指数 2 の部分群である，n° 12.2 練習問題 3 参照.

H を G の部分群とするとき，H の単位指標を 1_{H} とあらわし，1_{H} より誘導される G の指標(いいかえると，G/H 上の置換表現の指標，n° 3.3，例 2 参照)を，$1_{\mathrm{H}}^{\mathrm{G}}$ とあらわす.

定理 31. $\mathrm{R}_{\mathbf{Q}}(\mathrm{G})$ の任意の元は，指標 $1_{\mathrm{C}}^{\mathrm{G}}$ 達の，$\mathbf{Q}$ 係数の一次結合である. ここで C は，G の巡回部分群全体の集合をうごく.

問題は，$\mathbf{Q}\otimes\mathrm{R}_{\mathbf{Q}}(\mathrm{G})$ が，$1_{\mathrm{C}}^{\mathrm{G}}$ 達で生成されることを示すことである. さて，$\mathbf{Q}\otimes\mathrm{R}_{\mathbf{Q}}(\mathrm{G})$ は，非退化双一次形式

$(\varphi, \psi) \longmapsto \langle \varphi, \psi \rangle$をもつ．従って，全ての$1_C^G$と直交する$R_Q(G)$の任意の元$\theta$は，零であることを示すのと同じことになる．さて，

$$\langle \theta, 1_C^G \rangle = \langle \mathrm{Res}_C^G \theta, 1 \rangle = \frac{1}{c} \sum_{s \in C} \theta(s), \quad \text{ここで} \quad c = \mathrm{Card}\, C,$$

が成り立つ．

従って定理 31 は次に同値である．

定理 31′. $\theta \in R_Q(G)$とする．G の任意の巡回部分群 C に対し，$\sum_{s \in C} \theta(s) = 0$を満たせば，$\theta = 0$である．

この結果を，Card(G)に関する帰納法により証明する．$s \in G$とし，sで生成される G の巡回部分群を$C(s)$とする．$x \in C(s)$とする；xが$C(s)$を生成するならば，$\theta(x) = \theta(s)$を得る，x及びsはΓ_Q-共役だからである；xの生成する部分群が$C(s)$と異なるならば，帰納法の仮定により(この部分群$C(x)$へのθの制限に適用して)$\theta(x) = 0$が示される．これより，

$$\sum_{x \in C(s)} \theta(x) = a . \theta(s)$$

が結論される，ここでaは，$C(s)$の生成元の個数である．しかし仮定により，

$$\sum_{x \in C(s)} \theta(x) = 0$$

である．従って確かに$\theta(s) = 0$が得られる，証明終り．

系． V, V′を，G の **Q** 上の二つの線型表現とする．V が V′に同型であるための必要十分条件は，G の各巡回部分群 C に対して，

$$\dim. V^C = \dim. V'^C$$

が成り立つことである，ここでV^C及びV'^Cは，それぞれ V 及び V′の C で不変な元全体よりなる部分空間をあらわす．

必要性は明らかである．この条件が十分であることを見るために，χ, χ'を V 及び V′の指標とする．

$$\dim. V^C = \langle \mathrm{Res}_C^G \chi, 1_C \rangle_C$$

が成立する．これより各 C に対し，$\langle \mathrm{Res}_C^G(\chi - \chi'), 1_C \rangle = 0$が結論される．定理 31′により，これより$\chi - \chi' = 0$が得られ，これは確かに V 及び V′が同型であ

ることを示す.

注意. 1) $R_{\mathbf{Q}}(G)$の任意の元は，指標1_H^Gの整数係数の一次結合である，ということは一般には真でない．たとえ，HがGの全ての部分群のなす集合をうごいてさえもだめである(下の練習問題4参照).

2) 定理31は次の結果を導く：F/Eを，代数体の有限次ガロア拡大とし，χをガロア群Gal(F/E)の$\mathbf{Q}$上実現可能な線型表現の指標とする．このとき，χに関するアルチンのL函数を，Gal(F/E)の巡回部分群Cに対応するFの部分体F_Cのゼータ函数の，分数巾の積として書くことが出来る.

練習問題

1) Gを位数nの巡回群とする．nの任意の約数dに対し，Gの，指数dの部分群をG_dとあらわす.

a) Gは，核がG_dに等しい，$\mathbf{Q}$上の既約表現を，同型を除いてただ一つもつことを示せ．その指標をχ_dとする．$\chi_d(1)=\varphi(d)$が成り立つ．χ_d達は，$R_{\mathbf{Q}}(G)$の直交基底をなす.

b) $\mathbf{Q}[G]$から，$\prod_{d|n}\mathbf{Q}(d)$の上への同型写像を定義せよ.

c) $\psi_d=1_{G_d}^G$とおく．$\psi_d=\sum_{d'|d}\chi_{d'}$及び$\chi_d=\sum_{d'|d}\mu(d/d')\psi_{d'}$が成り立つことを示せ，ここで$\mu$はメビウス函数をあらわす[訳注]．これより，$\psi_d$達は，$R_{\mathbf{Q}}(G)$の一つの基底をなすことを導け.

2) 定理31を次のように証明せよ：定理27により，巡回群の場合に帰着し，練習問題1を適用せよ.

3) ρを，Gの$\mathbf{Q}$上の既約表現とし，$A=\mathbf{M}_n(D)$を，$\mathbf{Q}[G]$の対応する単純成分とする(Dは斜体(可除環)である.)．χをρの指標とする．ρは忠実であり(すなわち，Ker $\rho=\{1\}$)かつ，Gの任意の部分群は正規であると仮定する．HをGの部分群とする．G/H上の置換表現は，表現ρを，$H=\{1\}$又は，$H\neq\{1\}$の時，それぞれn回又は0回ふくむことを示せ．これより$n\geqslant 2$ならば，χは，

訳注 μの定義は次の通り：$\mu(1)=1$，また自然数$n\neq 1$の素因子分解を$n=p_1^{e_1}\cdots p_r^{e_r}$とするとき，$e_1=\cdots=e_r=1$なら$\mu(n)=(-1)^r$，さもないときは$\mu(n)=0$.

$R_Q(G)$の指標1_H^G全体で生成される部分群に含まれないことを導け.

4) Eを四元数群，Cを位数3の巡回群とし，G=E×Cとする．通常の四元数体($\mathbf{Q}$上の)を$\mathbf{H}_Q$であらわすとき，E及びCは乗法群$\mathbf{H}_Q^*$に埋め込まれることを示せ．これによって，E及びCを，ベクトル空間$\mathbf{H}_Q$上に，それぞれ右から及び左からの乗法によって作用させることが出来る．これより，Gの$\mathbf{Q}$上の4次の既約表現を導け；対応する単純代数は，$\mathbf{M}_2(K)$に同型であることを示せ，ここで，Kは1の3乗根の体である．練習問題3の条件をたしかめよ：これから，ρの指標は，指標$1_H^G(H\subset G)$達の一次結合ではないことを導け.

5) X, Yを，その上に群Γが作用する，二つの有限集合とする．HをΓの部分群とするとき，Hで固定されるX及びYの元全体のなす集合を，それぞれX^H及びY^Hとあらわす．次の諸性質は，同値であることを示せ:

i) X及びYによってきまる置換表現ρ_X及びρ_Yは同型である.

ii) Γの任意の巡回部分群Hに対し，$\mathrm{Card}(X^H)=\mathrm{Card}(Y^H)$が成り立つ.

iii) Γの任意の部分群Hに対し，$\mathrm{Card}(X/H)=\mathrm{Card}(Y/H)$が成り立つ．(ここで$\mathrm{Card}(X/H)$はX中のH-軌道の個数である.)

iv) Γの任意の巡回部分群Hに対し，$\mathrm{Card}(X/H)=\mathrm{Card}(Y/H)$が成り立つ.

(i), ii)の同値性は，ρ_X及びρ_Yの指標の計算から得られる；iii)及びiv)とi)との同値性は，$\mathrm{Card}(X/H)$が，ρ_Xの指標と，指標1_H^Γとの内積であることから示される.)

また次の二つの性質は同値であることを示せ.

v) Γの任意の部分群Hに対し，$\mathrm{Card}(X^H)=\mathrm{Card}(Y^H)$が成り立つ.

vi) Γ-集合X及びYは同型である.

またΓが巡回群であればi)とvi)が同値であることを示せ.

(指標1_H^Γ達は，線型独立であることを用いよ，練習問題1参照)

i)よりvi)が導かれない実例をあげよ．(Γとして，位数2の二つの群の積をとれ.)

6) Xを，Gの$\mathbf{Q}(m)$上の既約指標全体の集合とし，YをGの共役類全体の集合とする．群$\Gamma_Q=(\mathbf{Z}/m\mathbf{Z})^*$を，X上には$\chi\longmapsto\sigma_t(\chi)$により，Y上には$x\longmapsto x^t$

により作用させる.

a) $\Gamma_{\mathbf{Q}}$-集合 X 及び Y は，弱同型(すなわち練習問題 5 の条件 i)~iv) が成り立つ)であることを示せ(練習問題 5 参照).

b) X 及び Y は，それぞれ $\mathbf{Q}$-多元環 Cent. $\mathbf{Q}[\mathrm{G}]$ 及び $\mathbf{Q}\otimes\mathrm{R(G)}$ から $\mathbf{Q}(m)$ への準同型写像全体の集合と同一視されることを示せ．これより，$\Gamma_{\mathbf{Q}}$-集合 X 及び Y が同型であるための必要十分条件は，Cent. $\mathbf{Q}[\mathrm{G}]$ が $\mathbf{Q}\otimes\mathrm{R(G)}$ に同型であること，を導け.

c) 次の各々の場合には，Cent. $\mathbf{Q}[\mathrm{G}]$ は，$\mathbf{Q}\otimes\mathrm{R(G)}$ に同型であることを示せ:

c_1) G が可換であるとき(G からその双対 $\hat{\mathrm{G}}$ の上への同型写像を用い，かつ $\mathbf{Q}[\mathrm{G}]=\mathbf{Q}\otimes\mathrm{R}(\hat{\mathrm{G}})$ であることに注意せよ.).

c_2) G が p-群で，$p\neq 2$ の場合($\Gamma_{\mathbf{Q}}$ が巡回群であることを用いよ).

(X 及び Y が，$\Gamma_{\mathbf{Q}}$-同型でない群 G の例は，J. Thompson, *J. of Algebra*, 14, 1970, p. 1–4. をみよ.)

7) p を 2 でない素数とする．G を，$\mathbf{GL}_3(\mathbf{F}_p)$ の一つの p-シロー部分群とし，G′ を，$\mathbf{Z}/p\mathbf{Z}$ の，$\mathbf{Z}/p^2\mathbf{Z}$ による非可換な半直積とする．$\mathrm{Card(G)}=\mathrm{Card(G')}=p^3$ である.

a) G 及び G′ は同型でないことを示せ.

b) G 及び G′ の既約表現を構成せよ．これより，$\mathbf{Q}[\mathrm{G}]$ 及び $\mathbf{Q}[\mathrm{G'}]$ は，体 $\mathbf{Q}$，$(p+1)$ 個の体 $\mathbf{Q}(p)$ 及び全行列環 $\mathbf{M}_2(\mathbf{Q}(p))$ の積(直和)であることを導け．特に，$\mathbf{Q}[\mathrm{G}]$ と $\mathbf{Q}[\mathrm{G'}]$ とは同型である.

c) $\mathbf{F}_p[\mathrm{G}]$ 及び $\mathbf{F}_p[\mathrm{G'}]$ は同型でないことを示せ.

8) $\{\mathrm{C}_1, \cdots, \mathrm{C}_d\}$ を，G の巡回部分群を，共役性によって類別した類の一つの代表系とする．指標 $1_{\mathrm{C}_1}^{\mathrm{G}}, \cdots, 1_{\mathrm{C}_d}^{\mathrm{G}}$ は，$\mathbf{Q}\otimes\mathrm{R}_{\mathbf{Q}}\mathrm{(G)}$ の一つの基底をなすことを示せ.

13.2. 実数体の場合

前の記号をそのまま用いる．基礎の体 K として，実数体 $\mathbf{R}$ をとろう．対応する群 $\Gamma_{\mathbf{R}}$ は，$(\mathbf{Z}/m\mathbf{Z})^*$ の部分群 $\{\pm 1\}$ である；群 G の二元 x, y が，$\Gamma_{\mathbf{R}}$-共役

であるための必要十分条件は，y が x 又は x^{-1} に共役となることである．$\Gamma_{\mathbf{R}}$ の元 -1 に対応する自己同型写像 σ_{-1} は，複素共役写像 $z \longmapsto z^*$ に他ならない．χ を，G の $\mathbf{C}$ 上の指標とすると，一般の式 $\sigma_t(\chi)=\Psi^t(\chi)$ は，ここでは，次の標準的な式になる．

$$\chi(s)^* = \chi(s^{-1}), \qquad \text{n}^\circ\, 2.1,\ 命題1参照$$

定理 32(**フロベニウス - シューア**). $\rho: \mathrm{G} \to \mathbf{GL}(\mathrm{V})$ を，G の $\mathbf{C}$ 上の線型表現，その指標を χ とする．χ が $\mathbf{R}$ に値をもつための必要十分条件は，V 上に，G-不変な非退化双一次形式が存在することであり，ρ が $\mathbf{R}$ 上実現可能であるための必要十分条件は，V 上に，G-不変な非退化対称双一次形式が存在することである．

群 G は，自然なやり方で，V の双対ベクトル空間 V′ に作用し，対応する指標 χ' が，

$$\chi'(s) = \chi(s)^* = \chi(s^{-1})$$

で与えられることは，容易にわかる．χ が実数値であるための必要十分条件は，$\chi=\chi'$，すなわち，G の V 及び V′ に於ける表現が同型，である．しかし，V より V′ の上への同型写像は，V 上の，G で不変な非退化双一次形式に対応する．従って，このような形式の存在することが，χ が実数値であるために必要十分である．

さて，こんどは，ρ が $\mathbf{R}$ 上実現可能と仮定しよう．これは，V を次の形に書くことが出来る，というのと同値である：

$$\mathrm{V} = \mathrm{V}_0 \oplus i\mathrm{V}_0 = \mathbf{C} \otimes_{\mathbf{R}} \mathrm{V}_0,$$

ここで V_0 は，全ての ρ_s で保たれる，V の $\mathbf{R}$-部分空間である．V_0 上には，G で不変な，正値非退化な二次形式 Q_0 が存在することがわかる(任意の正値非退化な二次形式を G の元の作用で変換したものの和をとれば，十分である)．係数体を拡張して，Q_0 は V 上の二次形式を定義し，対応する双一次形式は，対称非退化 G-不変である．

逆に，V が，そのような形式 $\mathrm{B}(x, y)$ をもつと仮定しよう．V 上に，G で不

変な，正値非退化なエルミート内積$(x|y)$を選ぶ；上と同様の論法により，そのような内積が存在することがわかる(n°1.3 参照)．任意の$x\in\mathrm{V}$に対し，

$$\mathrm{B}(x,y)=(\varphi(x)|y)^* \qquad (\text{任意の } y\in\mathrm{V} \text{ に対し}),$$

となるVの元$\varphi(x)$がただ一つ存在する．このように定義された写像$\varphi:\mathrm{V}\to\mathrm{V}$は，半線型[訳注]かつ上への一対一写像である．その二乗φ^2は，Vの自己同型写像である．$x,y\in\mathrm{V}$の時，

$$(\varphi^2(x)|y)=\mathrm{B}(\varphi(x),y)^*=\mathrm{B}(y,\varphi(x))^*=(\varphi(y)|\varphi(x)),$$

が成り立つ．$(\varphi(y)|\varphi(x))=(\varphi(x)|\varphi(y))^*$であるから，これより，

$$(\varphi^2(x)|y)=(\varphi^2(y)|x)^*=(x|\varphi^2(y))$$

が導かれ，これは，φ^2がエルミート変換であることを意味する．さらに，式

$$(\varphi^2(x)|x)=(\varphi(x)|\varphi(x))$$

は，φ^2が正値であることを示す．さてuを正値エルミート変換とすると，よく知られているように，$u=v^2$となる正値エルミート変換vがただ一つ存在し，しかもある実係数の多項式Pにより，vは$\mathrm{P}(u)$の形に書くことが出来る．(uの固有値を$\lambda_1,\cdots,\lambda_n$とすると，Pを，各$i$に対し$\mathrm{P}(\lambda_i)=\sqrt{\lambda_i}$となるように選べばよい)．これを$u=\varphi^2$に適用し，$\sigma=\varphi v^{-1}$とおく．$v=\mathrm{P}(\varphi^2)$であるから，$\varphi$と$v$とは交換可能で，$\sigma^2=\varphi^2v^{-2}=1$が得られる．$\mathrm{V}=\mathrm{V}_0\oplus\mathrm{V}_1$を，$\sigma$の固有値$+1$及び$-1$に対するVの分解とする．$\sigma$は半線型だから，$i$を掛けることにより$\mathrm{V}_0$は$\mathrm{V}_1$上に写像される．従って，$\mathrm{V}=\mathrm{V}_0\oplus i\mathrm{V}_0$が得られる．他方，$\mathrm{B}(x,y)$及び$(x|y)$がG–不変であるということより，$\varphi,v$及び$\sigma$が全ての$\rho_s$と可換であることがわかる．これより，$\mathrm{V}_0$及び$\mathrm{V}_1$は，全ての$\rho_s$で保たれることが結論される．従って，Vの**R**上の一つの実現が得られ，定理32が証明される．

注意． 1)　定理32は，コンパクト群の表現に拡張される，§4 参照．この節の他の結果についても同様である．

2)　$\mathbf{O}_n(\mathbf{C})$及び$\mathbf{O}_n(\mathbf{R})$によりそれぞれn変数の**複素直交群**，**実直交群**をあら

訳注　これは$x,y\in\mathrm{V}$に対して$\varphi(x+y)=\varphi(x)+\varphi(y)$，かつ$\alpha\in\mathbf{C}$に対して$\varphi(\alpha x)=\alpha^*\varphi(x)$となるということである．

わす．上の証明の最後の部分は，実は，$\mathbf{O}_n(\mathbf{C})$ の任意の有限部分群は（さらにコンパクト部分群すらも），$\mathbf{O}_n(\mathbf{R})$ に含まれる共役をもつことを証明している；これは，リー群の極大コンパクト部分群に関する一般的な定理の特別な場合である．

G の既約表現の三つの型

ρ:G → **GL**(V) を，G の **C** 上の既約表現とし，その次数を n，指標を χ とする．次の三つの場合が起り得る（かつ，これらは互いに排反である）:

i) χ の値の少くも一つは実数でないとき．係数の制限，すなわち V を **R** 上のベクトル空間と見做すことにより，ρ は，**R** 上，次数が $2n$，指標が $\chi+\bar{\chi}$ の既約表現を定義する．この表現の交換子環は **C** である．多元環 **R**[G] の対応する単純成分は，$\mathbf{M}_n(\mathbf{C})$ に同型である；そのシューアの指数は 1 である．

ii) χ の値は実数であり，しかも ρ は **R** 上の表現 ρ_0 により実現可能であるとき．表現 ρ_0 は既約（さらに絶対既約）であり，指標は χ である．その交換子環は，**R** である．対応する単純成分は，$\mathbf{M}_n(\mathbf{R})$ に同型である；そのシューアの指数は 1 である．

iii) χ の値は実数であるが，ρ は **R** 上実現可能でないとき．係数の制限により，ρ は，**R** 上次数が $2n$，指標が 2χ の既約表現を定義する．その交換子環は，**R** 上 4 次である；これは，四元数体 **H** に同型である．対応する単純成分は $\mathbf{M}_n(\mathbf{H})$ に同型である；そのシューアの指数は 2 である．

さらに，G の **R** 上の任意の既約表現は，複素既約表現から上の三つの操作のいずれかにより得られる：これは **R**[G] を，その単純成分の積（直和）に分解し，その各成分が必然的に，$\mathbf{M}_n(\mathbf{R})$，又は $\mathbf{M}_n(\mathbf{C})$，又は $\mathbf{M}_n(\mathbf{H})$ の形であることに注意することによってわかる．（**R**[G] が群多元環であることは，ここでは何の役もはたしてはいない；**R** 上の任意の半単純多元環に対して同じ結果が得られるのである．）

i) ii) iii) の型を，いくつかの方法で特徴づけることが出来る：

命題 38. a) V 上に, G-不変な 0 でない双一次形式が存在しなければ, ρ は i) 型である.

b) そのようなものが存在すれば, それはスカラー倍を除いてただ一つであり, かつ非退化である. それは対称形式であるか, あるいは交代形式である. 対称の場合には, ρ は ii) 型である; 交代の場合には, ρ は iii) 型である.

V 上の不変双一次形式 $B\neq 0$ は, V からその双対 V' への G-準同型写像 $b\neq 0$ に対応する. V 及び V' は既約であるから, b は同型写像であり, B は非退化であることが示される. 定理 32 により, B の存在は, ρ が ii) 型又は iii) 型であることと同値である. さらにシューアの補題により, B はスカラー倍を除いて, 一意的であることが示される. B を, $B=B_{+}+B_{-}$, ここで B_{+} は対称, B_{-} は交代, の形に書けば, B_{+} 及び B_{-} もまた G で不変である; B の一意性により, これから, $B_{-}=0$(従って B は対称) であるか, あるいは $B_{+}=0$(従って B は交代) であることがわかる. このとき定理 32 より, はじめの場合は ii) 型に対応することが示される; 従って第二の場合は, iii) 型に対応する.

命題 39. ρ が, i) 型, ii) 型, iii) 型であるための必要十分条件は, 数

$$\langle 1, \Psi^2(\chi)\rangle = \frac{1}{g}\sum_{s\in G}\chi(s^2), \quad ここで \quad g=\mathrm{Card}(G)$$

が, それぞれ, 0, +1, −1 に等しいことである.

$\chi_\sigma{}^2, \chi_\lambda{}^2$ をそれぞれ, V の対称積及び交代積の指標とする.

$$\chi_\sigma{}^2 = \frac{1}{2}(\chi^2+\Psi^2(\chi)), \qquad \chi_\lambda{}^2 = \frac{1}{2}(\chi^2-\Psi^2(\chi))$$

が成り立つ, n° 2.1 命題 3 参照. a_{+} 及び a_{-} を, それぞれ, ρ の対称積及び交代積が, 単位表現を含む回数としよう. すると

$$a_{+} = \langle 1, \chi_\sigma{}^2\rangle \quad 及び \quad a_{-} = \langle 1, \chi_\lambda{}^2\rangle$$

が成り立つ. 他方, V の対称積及び交代積の双対空間は, それぞれ V 上の対称双一次形式及び交代双一次形式の空間と同一視される. 互に双対である二つの表現は, 単位表現を同じ回数だけ含むから, 命題 38 より次のことがわかる:

i) の場合 $a_{+}=a_{-}=0$,

ii)の場合　$a_+=1$，$a_-=0$，

iii)の場合　$a_+=0$，$a_-=1$.

$\langle 1, \Psi^2(\chi)\rangle = a_+ - a_-$ であるから，確かに，それぞれの場合に応じて，0, 1, −1 を得，命題が示される.

練習問題

1)　c を G の一つの共役類とするとき，元 $x^{-1}, x\in c$ よりなる類を，c^{-1} とあらわす．$c=c^{-1}$ のとき，c は偶類であるという.

a)　G の **C** 上の既約指標であって実数値であるもの，の個数は，G の偶類の個数に等しいことを示せ.

b)　G の位数が奇数ならば，単位元の類がただ一つの偶類であることを示せ．これより，G の，1 と異なる任意の既約指標は，すくなくとも一つ実数でない値をとることを導け(Burnside の定理).

2)　**R**-多元環 Cent. **R**[G] 及び **R**⊗R(G) は同型であることを示せ.

3)　G の **C** 上の既約指標であって ii)型であるもの全体の集合を X_2，iii)型であるもの全体の集合を X_3 とあらわす．整数

$$\sum_{\chi\in X_2}\chi(1)-\sum_{\chi\in X_3}\chi(1)$$

は，$s^2=1$ なる元 $s\in G$ の個数に等しいことを示せ.（この整数は，$\sum\chi(1)\langle 1, \Psi^2(\chi)\rangle = \langle 1, \Psi^2(r_G)\rangle$ に等しいことに注意せよ，ここで r_G は G の正則表現の指標である.）

これより G の位数が偶数ならば，G は ii)型の既約指標をすくなくとも二つもつことを導け.

4)　(Burnside)　G の位数 g は奇数であると仮定する．h を G の共役類の個数とする．$g\equiv h$ (mod. 16) を示せ.

(公式 $g=\sum_{i=1}^{h}\chi_i(1)^2$ を用い，$\chi_i\neq 1$ なる χ_i 達は二つずつ共役であること(練習問題 1 参照)及び $\chi_i(1)$ は奇数であることに注意せよ.)

もし，g の全ての素因子が，4 を法として 1 に合同ならば，$g\equiv h$ (mod. 32) を得ることを示せ(同じ方法).

文献表（第Ⅱ部）

半単純多元環の一般論については次をみよ：

［8］ N. Bourbaki. Algèbre, chap. VIII, Paris, Hermann, 1958.（邦訳あり：東京図書）

［9］ C. Curtis 及び I. Reiner. Representation theory of finite groups and associative algebras. Intersc. Publ., New York, 1962.

［10］ S. Lang. Algebra. Addison-Wesley, New York, 1965.

誘導表現，ブラウアーの定理及び有理性の問題については，［9］［10］並びに次をみよ：

［11］ W. Feit. Characters of finite groups. W. A. Benjamin Publ., New York, 1967.

［12］ R. Brauer 及び J. Tate. On the characters of finite groups. Ann. of Math., 62 (1955), p. 1-7.

［13］ B. Huppert. Endlichen Gruppen I. Kap. V. Springer-Verlag, 1967.

有限群の構造への応用については，［11］［13］並びに次の古典をみよ：

［14］ W. Burnside. Theory of groups of finite order（第2版）. Cambridge, 1911. Dover Publ. によるリプリント版，1955.（邦訳あり：共立出版）

有限《代数》群の指標は，特に興味深い．下記をみよ：

［15］ A. Borel 他. Seminar on Algebraic Groups and related finite groups. Lecture Notes in Math., n° 131, Springer-Verlag, 1970.

指標の理論の主要な問題のリストが次にある：

［16］ R. Brauer, Representations of finite groups（《Lectures on Modern Mathematics》 vol. 1 中にあり），T. Saaty 編，John-Wiley and Sons, 1963.
（邦訳岩波書店刊，現代の数学第Ⅰ巻）

第 III 部　ブラウアーの理論入門

ここでは，有限群の，標数 p に於ける表現と，標数 0 に於ける表現とを比較することを問題にする．結果は，本質的にはブラウアーに負うものだが，いくつかの，《**グロタンディック群**》を導入すると，極めて都合よくのべられる；これはスワン(Swan)([20], [21]参照)が明らかにしたことであるが，これのみならず，ここでは扱わないが，彼に負う数多くの結果があるのである．

§14 及び §15 は準備である．§16 で主要な定理をのべる；それらは，§17 で証明される．§18 は，これらの結果が《モジュラー指標》の言葉でいかに換言されるかを示す．§19 はアルチンの表現に対するいくつかの応用を含む．付録には，グロタンディック群，射影的加群等いくつかの標準的な定義がまとめられている．

以下の内容は入門にすぎない；特にブロックの理論には触れていない．これらの問題に興味をもつ読者は，Curtis-Reiner[9]，Feit の講義録[19]，さらに Brauer, Feit, Green，大嶋，鈴木，Thompson のもとの論文を参照されるとよいであろう．

14. 群 $R_K(G)$, $R_k(G)$ 及び $P_k(G)$

記　号

第 III 部を通じて，G は有限群をあらわす；G の元の位数の最小公倍数を m とあらわす．体が(G に関して)**十分大**であるとは，1 の m 乗根を全て含むことをいう(n° 12.3，定理 25 参照)．

考える加群は全て**有限型**(すなわち有限個の元で生成される)とする．

K をある離散付値 v に関して完備な体とする(付録参照)．その付値環を A，極大イデアルを $\mathfrak{m}$，剰余体を，$k=A/\mathfrak{m}$ とする．K は標数 0，k は標数 $p>0$ とする．(従って，《$\mathfrak{m}$ を法とする**還元**(réduction)》により標数 0 から標数 p に移ることが出来る)．

14.1. 環 $R_K(G)$ 及び $R_k(G)$

L を体とするとき，(有限型の) L[G]-加群全体のカテゴリーのグロタンディック群を，$R_L(G)$ とあらわす，付録参照．これは(L に関する)外テンソル積により単位元をもつ可換環となる．E を L[G]-加群とするとき，その $R_L(G)$ に於ける像を，[E] と書く；[E] 全体の集合を，$R_L^+(G)$ とあらわす．

S_L を，単純 L[G]-加群(すなわち，G の L 上の既約表現)の同型類全体の集合とする．

命題 40. 元 [E]，$E\in S_L$，のなす族は，群 $R_L(G)$ の一つの基底である．

R を基底 S_L をもつ自由 $\mathbf{Z}$–加群とする．準同型写像 $\alpha: R \to R_L(G)$ が，族[E] ($E \in S_L$)により定義される：$\alpha(E)=[E]$．他方，F を L[G]–加群，$E \in S_L$ とするとき，E が F のジョルダン－ヘルダー列にあらわれる回数を，$l_E(F)$ とあらわす；l_E が F の**加法的函数**[訳注]であることは，すぐわかる．従って，任意の F に対して，$\beta_E([F])=l_E(F)$ となる準同型写像 $\beta_E: R_L(G) \to \mathbf{Z}$ が存在する．β_E 達のなす族は準同型写像 $\beta: R_L(G) \to R$ を定義し，α 及び β が互に他の逆であることが確かめられる．これより命題が得られる．

同様の論法は，さらに一般に，任意の環の上の長さ有限の加群全体のカテゴリーに適用される．

同時に，$R_L^+(G)$ の元は，基底 $([E])_{E \in S_L}$ の元の，正又は 0 の整数係数の一次結合に他ならないことがわかる．

上にのべたことは，なかんずく体 K 及び k に適用される．K は標数 0 だから，K[G]–加群 E の指標 χ_E について語ることができる；これは E の加法的函数である．線型性により，これより，$R_K(G)$ から G 上の中心的函数の環の中への写像 $x \longmapsto \chi_x$ が導かれる．この写像は事実，グロタンディック群 $R_K(G)$ から G の K 上の一般指標全体のなす群の上への同型写像であり，この写像によりこの二つの群はしばしば同一視されるのである(これにより，n° 12.1 に於て用いた記号の説明もつくわけである)．時として，χ_x は，元 $x \in R_K(G)$ の**指標**(又は**一般指標**又は**見掛けの指標**)であるという．

§18 に於て，ブラウアーの**モジュラー指標**なるものを用いることによって，k に対しても類似の結果が得られることがわかる．

注意． E 及び E′ を，$R_K(G)$ に於て $[E]=[E']$ となる二つの K[G]–加群とすると，E 及び E′ は同型である；これは E 及び E′ が半単純であることから得られる．この結果は，p が G の位数を割るならば，k[G]–加群に対しては**成立しない**．これは半単純でない k[G]–加群の存在することによる．

訳注　$F_1/F_2 \cong F_3 \Rightarrow l_E(F_1)=l_E(F_2)+l_E(F_3)$ の意．

14.2. 群 $\mathbf{P}_k(\mathbf{G})$ 及び $\mathbf{P}_\mathbf{A}(\mathbf{G})$

これらは，それぞれ**射影的** k[G]-加群及び**射影的** A[G]-加群全体のカテゴリーのグロタンディック群として定義される(付録参照). $P_k{}^+(G)$ 及び $P_A{}^+(G)$ の定義も明らかであろう.

E を k[G]-加群, F を射影的 k[G]-加群とするとき，$E\otimes_k F$ は，射影的 k[G]-加群である(これは F が(k[G]-加群として)自由加群のとき検証すれば十分であり，その場合は容易である). これにより，$\mathbf{P}_k(G)$上に，$\mathbf{R}_k(G)$-**加群の構造**が導入される.

14.3. $\mathbf{P}_k(\mathbf{G})$ の構造

環 k[G]がアルチン的であることから，k[G]-加群 M の**射影的包絡**(l'enveloppe projective)について論ずることが出来る(Gabriel[22]又は Giorgiutti[23]参照). これがいかなるものかを簡単にのべよう.

加群の**射**[訳注] f:M′ → M が**本質的**(essentiel)であるとは，f(M′)=M であり，M′ の，M′ とは異なるような任意の部分加群 M″ に対し，f(M″)≠M となることをいう. M の射影的包絡とは，本質的な射 f:P → M をもつ射影的加群 P をいう.

命題 41. a) 任意の(有限型の) k[G]-加群 M は(有限型の)射影的包絡をもち，これは同型を除いてただ一つである.

b) P_i を M_i ($i=1,\cdots,n$) の射影的包絡とすると，P_i の直和は，M_i の直和の射影的包絡である.

c) P を射影的加群とし，E をその k[G]-加群として半単純な，最大の商加群とすると，P は E の射影的包絡である.

訳注 morphisme の訳. 例えば A-加群間の射とは，A-加群としての準同型写像をいう. A の代りに k[G]をとっても同様である.

a)を証明しよう．MをL/Rの形に書く，ここでLは射影的であり，RはLの部分加群とする(例えば，Lを自由加群ととることが出来る)．N⊂Rのとき，f_Nを，L/NからM=L/Rの上への標準的な準同型写像とする；Nを，f_Nが本質的であるような極小なRの部分加群とする；f_Rは本質的であり，k[G]がアルチン的であるからこのような部分加群は存在する．P=L/Nとおき，Qを，Lの部分加群であって射影写像Q→Pが上への写像となるもののなかで極小なものとする．Lは射影的加群だから，射影写像p:L→P=L/Nは，q:L→Qにもちあげられ，Qの極小性より，q(L)=Qが示される．N′をqの核とする．射影写像$f_{N'}$:L/N′→L/Rは，L/N′=Q→L/N→L/Rと分解し，この二つの写像は本質的である．N′はNに含まれるから，Nの極小性より，N′=Nが導かれる，すなわち，Q→Pが同型写像である．従って，加群Lは直和L=N⊕Qと分解する．これはP=L/Nが射影的であることを示す．すると，P→Mが，Mの射影的包絡であることは明らかである．

P′→Mを，Mの他の射影的包絡とする．Pが射影的であることを用いると，三角形

$$\begin{array}{ccc} P & \xrightarrow{g} & P' \\ & \searrow \quad \swarrow & \\ & M & \end{array}$$

が可換となるようなg:P→P′が存在することがわかる．g(P)のMに於ける像はMである；P′→Mは本質的であるから，これよりg(P)=P′が導かれ，gが上への写像であることが証明される．P′は射影的だからP→P′の核Sは,P中の直和因子であり，これよりPは，S⊕P′と分解することが示される；P→Mが本質的であることを用いると，これよりS=0，すなわちP→P′が同型写像であることが導かれる．これにより，a)の証明が完成した．主張b)及びc)は容易であるから読者にまかせる(さらに詳しくは，[22]，[23]をみよ)．

c)の場合，Eは，Pの$\mathfrak{r}$P(ただし$\mathfrak{r}$はk[G]の**根基**，すなわちk[G]の最大巾零イデアル)による商であることに注意する；これは，半単純k[G]-加群とは，$\mathfrak{r}$の作用が0となるようなk[G]-加群に他ならないことからわかる．さらにb)

により，E を単純加群の直和の形に任意に分解すれば対応して P の直和分解が生ずる．これより次の系が導かれる．

系 1. 任意の射影的 $k[G]$-加群は，**直既約**(indécomposable)な射影的 $k[G]$-加群の直和である；この分解は，自己同型を除いて一意的である：直既約な射影的 $k[G]$-加群は，単純 $k[G]$-加群の射影的包絡である．

系 2. 任意の $E \in S_k$ に対し，P_E を E の射影的包絡とする．$[P_E]$，$E \in S_k$，は，$P_k(G)$ の一つの基底をなす．

系 3. 二つの射影的 $k[G]$-加群 P 及び P′ が同型であるための必要十分条件は，それらの $P_k(G)$ に於ける類 $[P]$ 及び $[P']$ が等しいことである．

さらに詳しくは，$[P]=\sum_{E \in S_k} n_E[P_E]$ ならば，加群 P は，$\prod(P_E)^{n_E}$ に同型である．

練習問題

$k[G]$ は**移入的** $k[G]$-加群であることを示せ．これより $k[G]$-加群が射影的であるための必要十分条件は，それが移入的であることを示せ．また直既約な射影的 $k[G]$-加群は，単純な $k[G]$-加群の移入的包絡であることを導け(n° 14.5，練習問題 3 参照)．

14.4. $P_A(G)$ の構造

次の結果はよく知られている：

補題 20. Λ を可換環とし，P を $\Lambda[G]$-加群とする．P が $\Lambda[G]$ 上射影的であるための必要十分条件は，それが Λ 上射影的であり，かつ次の条件を満たす P の自己準同型写像 u が存在することである：任意の $x \in P$ に対し，$\sum_{s \in G} s.u(s^{-1}x)=x$.

P が $\Lambda[G]$ 上射影的ならば，Λ 上でも射影的である；これは $\Lambda[G]$ が Λ 上自由であることからわかる．逆に，P を自然に Λ-加群と見做して生ずる P_0 が射影的であるとする．$Q=\Lambda[G]\otimes_{\Lambda}P_0$ とおく．$\Lambda[G]$-加群 Q は射影的である．さ

らに恒等写像 $P_0 \to P$ は，上への $\Lambda[G]$-準同型写像 $q:Q \to P$ に延長される．これより，P が射影的であるための必要十分条件は，$q \circ v=1$ となる $\Lambda[G]$-準同型写像 $v:P \to Q$ が存在することである．さて，任意の $\Lambda[G]$-準同型写像 $v:P \to Q$ は，或る $u \in \mathrm{End}(P_0)$ により，$x \longmapsto \sum_{s \in G} s \otimes u(s^{-1}x)$ の形となることが，容易に確かめられる；$q \circ v=1$ であるための必要十分条件は，任意の $x \in P$ に対し，$\sum s \cdot u(s^{-1}x)=x$ が成り立つことであり，これより補題が得られる．

補題 21. Λ を局所環とし，その剰余体を，$k_\Lambda=\Lambda/\mathfrak{m}_\Lambda$ とする．

a) P を Λ 上自由な，$\Lambda[G]$-加群とする．P が $\Lambda[G]$-射影的であるための必要十分条件は，$k_\Lambda[G]$-加群 $\bar{P}=P \otimes k_\Lambda$ が射影的なること，である．

b) 二つの射影的 $\Lambda[G]$-加群 P 及び P′ が同型であるための必要十分条件は，対応する $k_\Lambda[G]$-加群 $\bar{P}$ 及び $\bar{P}'$ が同型となることである．

P が $\Lambda[G]$-射影的ならば，$\bar{P}$ は $k_\Lambda[G]$-射影的である．逆に，この条件が満たされていれば，前の補題より，$\sum_{s \in G} s \cdot \bar{u} \cdot s^{-1}=1$ なる $\bar{P}$ の k_Λ-自己準同型写像 $\bar{u}$ が存在することが示される，$\bar{u}$ を準同型写像 $u:P \to P$ に**もちあげる**と[訳注]，これより，P の Λ-自己準同型写像 u であって，$u'=\sum_{s \in G} s \cdot u \cdot s^{-1}$ とおくとき，関係 $u' \equiv 1$ (mod. $\mathfrak{m}_\Lambda P$) を満たすもの，が得られる．これより u' は，P の自己同型写像であることがわかる；さらに，u' は G の各元と交換可能である．従って，$\sum_{s \in G} s \cdot (uu'^{-1}) \cdot s^{-1}=1$ が得られ，これは，確かに P が $\Lambda[G]$ 上射影的であることを示す．これより a)を得る．

P 及び P′ が射影的であり，$\bar{w}:\bar{P} \to \bar{P}'$ を，$k_\Lambda[G]$-準同型写像とすると，P が射影的であることから．$\bar{w}$ をもちあげた $\Lambda[G]$-準同型写像 $w:P \to P'$ が存在することが示される．さらに，$\bar{w}$ が同型写像であれば，中山の補題(又は，行列式に関する初等的な議論)により，w も同型写像であることが示される．これにより，b)が証明される．

さて，環 A にもどる：

訳注　(P は Λ 上自由だから)このような u で，$\bar{u}:\bar{P} \to \bar{P}$ をひきおこすものは存在する．このことを $\bar{u}$ を u にもちあげるという．

命題 42. a)　E を A[G]-加群とする．E が A[G]-射影的であるための必要十分条件は，E が A 上自由であり，E の**還元** $\bar{E}=E/\mathfrak{m}E$ が，k[G]上の射影的加群となることである．

b)　F を，射影的 k[G]-加群とする．このとき，$\mathfrak{m}$ を法とする還元が F に同型となるような射影的 A[G]-加群が，(同型を除いて)ただ一つ存在する．

a)の主張及び b)の主張に於ける一意性は，補題 20 及び 21 より得られる．b)に於ける存在の主張を証明することがのこっている：

F を射影的 k[G]-加群とする．n を，$n \geqslant 1$ なる整数とするとき，環 $A/\mathfrak{m}^n$ を，A_n と書く．従って，$A_1=k$ であり，A は A_n の射影的極限である．環 A_n 及び A_n[G]はアルチン的である．前の節で用いた論法より，F は，A_n[G]-射影的包絡 P_n をもち，P_n は A_n 上自由である．射影写像 $P_n \to F$ は，$P_n/\mathfrak{m}P_n \to F$ を通して分解し，これは上への写像である．F は k[G]-射影的であるから，F の上に同型に写像されるような $P_n/\mathfrak{m}P_n$ の部分 k[G]-加群 F′ が存在する；P_n に於ける F′ の逆像 P′ の像は F である；$P_n \to F$ は本質的であるから，これより，$P'=P_n$，すなわち $P_n/\mathfrak{m}P_n \to F$ は同型写像，が導かれる．さらに P_n 達は，n が動くとき，射影的系列をなす．その射影的極限 P は，A 上自由な A[G]-加群で，$\bar{P}=P/\mathfrak{m}P$ は F に同型である；a)を考えれば，これにより，b)の証明が完成する．

系 1. 任意の射影的 A[G]-加群は，直既約な射影的 A[G]-加群の直和である；この直和分解は，自己同型を除いて，一意的である．直既約な射影的 A[G]-加群は，同型を除いて，その $\mathfrak{m}$ を法とする還元によって特徴づけられ，この還元は，直既約な射影的 k[G]-加群(すなわち，単純な k[G]-加群の射影的包絡)である．

これは，前の命題及び射影的 k[G]-加群に関する既知の結果から得られる．

この系より，

系 2. 二つの射影的 A[G]-加群 P 及び Q が同型であるための必要十分条件は，$P_A(G)$ に於て，[P]＝[Q]が成り立つことである．

系 3. $\mathfrak{m}$ を法とする還元は，$P_A(G)$ から $P_k(G)$ の上への同型写像を定義する；この同型写像は，$P_A{}^+(G)$ を，$P_k{}^+(G)$ に変換する．

この系を利用して，大抵の場合には $P_A(G)$ と $P_k(G)$ とを**同一視する**ことが多い．

《極限アルチン的(proartinien)》なカテゴリーに於ける射影的包絡の一般的な取扱いについては，Demazure–Gabriel[22]をみよ．

練 習 問 題

1) Λ を可換環とし，P を Λ 上射影的な Λ[G]-加群とする．次の性質が同値であることを証明せよ：

i) P は Λ[G]-射影的である．

ii) Λ の任意の極大イデアル $\mathfrak{p}$ に対して，$(\Lambda/\mathfrak{p})$[G]-加群 $P/\mathfrak{p}P$ は射影的である．

2) a) B を A 上有限階数の，A-加群として自由な A-多元環とし，$\bar{a}$ を，$\bar{B}=B/\mathfrak{m}B$ の巾等元とする．B の巾等元であって，$\mathfrak{m}B$ を法とする還元が $\bar{a}$ に等しいもの，が存在することを示せ．

b) P を射影的 A[G]-加群とし，$B=\mathrm{End}^G(P)$ とする．B は A 上自由であり，$\bar{B}$ は $\bar{P}=P/\mathfrak{m}P$ の，G-自己準同型写像全体のなす多元環と同一視されることを示せ．これより，a)を用いて，$\bar{P}$ を k[G]-加群の直和に任意に分解すれば，この分解は P の対応する分解にもちあげられることを導け．

c) b)を用いて，命題 42 b)に於ける存在の主張の別証明を与えよ．(F を，自由加群 $\bar{P}$ の直和因子として書き，$\bar{P}$ を自由加群にもちあげ，b)を適用せよ．)

14.5. 双　対　性

a) $\mathbf{R}_k(G)$ と $\mathbf{R}_k(G)$ との間の双対性

E 及び F を K[G]-加群とするとき，

$$\langle E, F\rangle = \dim.\mathrm{Hom}^G(E, F), \qquad n^\circ\, 7.1 \text{ 参照},$$

とおく．写像 $(E, F) \longmapsto \langle E, F\rangle$ は《双一次》(完全系列に関して)[訳注]であり，従って双一次形式

$$R_K(G) \times R_K(G) \to \mathbf{Z}$$

を定義する，これを $\langle e, f\rangle$ 又は $\langle e, f\rangle_K$ と書く．単純加群 $E \in S_K$ の類 $[E]$ は互に直交し，$\langle E, E\rangle$ は E の自己準同型写像全体のなす体 $\mathrm{End}^G(E)$ の次元 d_E に等しい；従って，$d_E \geqslant 1$ が得られる．また等号 $d_E = 1$ が成り立つ必要十分条件は，E が絶対単純(すなわち，対応する表現が絶対既約)なることである，n° 12.1 参照．

K が十分大の時は，定理 25 より，任意の単純 K[G]-加群は絶対単純であることが結論される．これより，上の双一次形式は，$R_K(G)$ からその双対[訳注]の上への同型写像を定義するという意味で，**Z 上非退化である**．

b)　$R_k(G)$ と $P_k(G)$ との間の双対性

E を射影的 $k[G]$-加群，F を任意の $k[G]$-加群とするとき，

$$\langle E, F\rangle = \dim. \mathrm{Hom}^G(E, F),$$

とおく．E が射影的であることから，E 及び F に関する双一次函数(完全系列に関しての)を得，これより双一次形式

$$P_k(G) \times R_k(G) \to \mathbf{Z}$$

を得る．これを $\langle e, f\rangle$ 又は $\langle e, f\rangle_k$ とあらわす．$E, E' \in S_k$ ならば，

$$\mathrm{Hom}^G(P_E, E') = \mathrm{Hom}^G(E, E')$$

を得る，ここで P_E は，E の射影的包絡をあらわす．$E \neq E'$ ならば，これより $[P_E]$ 及び $[E']$ は直交する；$E = E'$ に対しては，

$$\langle P_E, E\rangle = d_E = \dim. \mathrm{End}^G(E)$$

を得る．ここでもまた，$d_E = 1$ となる必要十分条件は，E が絶対単純なることである．

訳注　$E_1/E_2 \cong E_3$ なら $\langle E_1, F\rangle = \langle E_2, F\rangle + \langle E_3, F\rangle$ となり，また $F_1/F_2 \cong F_3$ なら $\langle E, F_1\rangle = \langle E, F_2\rangle + \langle E, F_3\rangle$ となる意．

訳注　加群 $\mathrm{Hom}_{\mathbf{Z}}(R_K(G), \mathbf{Z})$ が $R_K(G)$ の($\mathbf{Z}$ に関する)双対である．

Kを十分大とする．この場合，kは全ての1のm乗根を含む．このとき，任意の$E \in S_k$に対し，$d_E=1$を示すことが出来る(下記参照)．これより，双一次形式$\langle , \rangle_k$は，**Z**上非退化であり，基底[E]及び$[P_E]$($E \in S_k$とする)は，この形式に関して互に他の双対である．

"Kが十分大ならば，$d_E=1$である"という事実は，いくつかの方法で示すことが出来る：

1)　これは，準同型写像$d: R_K(G) \to R_k(G)$が上への写像であること(§16，定理34参照)がわかりさえすれば，定理25から《$\mathfrak{m}$を法とする還元》により導くことが出来る．

2)　シューアの指数がk上全て1に等しい，という事実を用いることも出来る(n° 14.6参照)．このときは，(kのある拡大体上の)Gの線型表現の指標は，kに値をもつことを証明することに帰着される．しかし，これはこの指標が，1のm乗根の和であることから得られる．

練習問題

1)　Eを$k[G]$-加群とする．その(kに関する)双対をE′と書く(すなわち$E' = \mathrm{Hom}_k(E, k)$)．$H^0(G, E)$を，EのGで不変な元全体よりなる部分空間として定義する．また$H_0(G, E)$を，$sx-x$(ここで$x \in E, s \in G$)の形の元全体より生成される部分空間による，Eの商として定義する．

a)　Eが射影的ならば，写像$x \longmapsto \sum_{s \in G} sx$は，商に移って，$H_0(G, E)$から$H^0(G, E)$の上への同型写像を定義することを示せ．

b)　$H^0(G, E)$は，$H_0(G, E')$の(kに関する)双対であることを示せ．これよりEが射影的ならば，$H^0(G, E)$及び$H^0(G, E')$は同次元であることを導け．

2)　E及びFを二つの$k[G]$-加群とし，Eを射影的とする．

$$\dim . \mathrm{Hom}^G(E, F) = \dim . \mathrm{Hom}^G(F, E)$$

が成り立つことを示せ．(練習問題1のb)の部分を，射影的$k[G]$-加群$\mathrm{Hom}(E, F)$に適用し，その双対は，$\mathrm{Hom}(F, E)$に同型であることに注意せよ．)

3)　Sを単純な$k[G]$-加群とし，P_Sをその射影的包絡とする．P_Sは，Sに同型な部分加群を含むことを示せ(練習問題2を，$E=P_S$，$F=S$ に適用せよ)．これより，P_S はSの移入的包絡に同型であることを導け，n° 14.3 練習問題参照．特に，Sが射影的でなければ，Sは P_S のジョルダン－ヘルダー列の中に，すくなくとも2回現われる．

4) Eを，半単純な $k[G]$-加群とし，P_E をその射影的包絡とする．Eの双対の射影的包絡は，P_E の双対に同型であることを示せ(単純加群の場合に帰着させて練習問題3を用いよ)．(双対は，上と同様に，k 上のベクトル空間としての双対ベクトル空間の意．)

14.6.　係数体の拡大

K′をKの拡大体とするとき，任意の $K[G]$-加群Eより，係数体の拡大により，$K'[G]$-加群 $K'\otimes_K E$ が定義される．このようにして，準同型写像 $R_K(G)\to R_{K'}(G)$ が得られる．この準同型写像は，一対一写像である．このことは，$R_K(G)$ の標準的な基底 $\{[E]\}(E\in S_K)$ の像を決めることによってわかる：すなわち D_E をEの自己準同型写像全体のなす斜体とすると，テンソル積 $K'\otimes D_E$ は，いくつかの全行列環 $\mathbf{M}_{s_i}(D_i)$ の積(直和)に分解する，ここで D_i は斜体である．これらの各 D_i は，単純 $K'[G]$-加群 E_i' に対応し，$[E]$ の $R_{K'}(G)$ に於ける像は，$\sum s_i[E_i']$ に等しい．さらに，各単純 $K'[G]$-加群は，Eが S_K 上を動くときのこれらの E_i' のうちのどれか一つ，しかもただ一つに同型である．そして異なる $[E]$ に対しては，対応する $\sum s_i[E_i']$ は共通な $[E_i']$ を持たない．よって $R_K(G)\to R_{K'}(G)$ は一対一である．$R_K(G)\to R_{K'}(G)$ を，このように n°12.2 を一般化した形に述べることにより，特に次のことがわかる．

全ての D_E が可換ならば，s_i 達は1に等しく，準同型写像 $R_K(G)\to R_{K'}(G)$ により，$R_K(G)$ は $R_{K'}(G)$ の直和因子と同一視される．すなわちこれは分解型の埋め込み写像である．全ての $E\in S_K$ が絶対単純ならば，$R_K(G)\to R_{K'}(G)$ は同型写像である．

類似の結果が，係数体を k から k' に拡大することにより定義される準同型

写像

$$R_k(G) \to R_{k'}(G), \quad P_k(G) \to P_{k'}(G)$$

に対しても成り立つ．実は状況はより簡単でさえある：単純 $k[G]$-加群の自己準同型写像全体のなす斜体は，つねに可換で，k 上分離的である（k が有限の時は，これは明らかであり，一般の場合は，それから係数拡大により得られる）．これより，$R_k(G) \to R_{k'}(G)$ が分解型の埋め込み写像であることが結論される．同じ結果が，$P_k(G) \to P_{k'}(G)$ にもあてはまる：《係数の拡大》という函手が，射影的包絡を，射影的包絡に移すことに注意すれば十分である．

さて，K' を K の有限次拡大としよう．A' を A の K' に於ける整閉包とし，k' をその剰余体とする．E が射影的 $A[G]$-加群ならば，$E' = A' \otimes_A E$ は，射影的 $A'[G]$-加群である．さらに，E' の還元 $k' \otimes_{A'} E'$ は，$k' \otimes_A E = k' \otimes_k (k \otimes_A E)$ に同型である．従って図式

$$\begin{array}{ccc} P_A(G) & \longrightarrow & P_{A'}(G) \\ \downarrow & & \downarrow \\ P_k(G) & \longrightarrow & P_{k'}(G) \end{array}$$

は可換である．二つの垂直な矢が同型写像だから上にのべたことより，準同型写像 $P_A(G) \to P_{A'}(G)$ は，分解型の埋め込み写像である．

注意． 一対一写像 $R_K(G) \to R_{K'}(G)$，$R_k(G) \to R_{k'}(G)$ 等は，前の節の双一次形式と両立する．さらに，これらは次節で定義される準同型写像 c, d, e と交換可能である．

15. 三 角 形 *cde*

ここでは準同型写像 c, d, e を定義して，これらが，次の可換な三角形をつくるようにしよう．

$$\begin{array}{ccc} P_k(G) & \xrightarrow{c} & R_k(G) \\ & {\scriptstyle e}\searrow \quad \nearrow{\scriptstyle d} & \\ & R_K(G) & \end{array}$$

15.1. $c: P_k(G) \to R_k(G)$ の定義

任意の射影的 $k[G]$-加群 P に対して，群 $R_k(G)$ 中での P の類を対応させよう；この類は，P に加法的に依存する．これより準同型写像

$$c: P_k(G) \to R_k(G)$$

が得られる．これを**カルタンの準同型写像**と呼ぶ．c を，$P_k(G)$ 及び $R_k(G)$ の標準的な基底 $[P_S]$ 及び $[S]$ $(S \in S_k)$ を用いて表わせば，$S_k \times S_k$ 型の正方行列 C を得る．これは G の（k に関する）**カルタン行列**と呼ばれる．C の (S, T)-成分 C_{ST} は，単純加群 S が，T の射影的包絡 P_T のジョルダン－ヘルダー列にあらわれる回数に等しい：従って，$R_k(G)$ に於て，次式が成り立つ．

$$[P_T] = \sum_{S \in S_k} C_{ST}[S]$$

練 習 問 題

$x \in R_k(G)$，$y \in P_k(G)$ のとき，$c(x \cdot y) = x \cdot c(y)$ が得られる．

15.2.　$d: R_K(G)\to R_k(G)$ の定義

Eを，K[G]-加群とする．Eの一つの**格子** E_1(すなわち，Eの部分A-加群であって，有限型で，Eを生成するもの)を選ぶ：必要なら，E_1をGの元で変換したものの和でおきかえて，E_1はGで安定であると仮定することが出来る．E_1の還元 $\bar{E}_1=E_1/\mathfrak{m}E_1$ は，k[G]-加群である．

定理33. $\bar{E}_1$の，$R_k(G)$に於ける像は，Gで安定な格子E_1の選び方によらない．

(Gで安定な二つの格子E_1, E_2から，還元により，同型でないk[G]-加群$\bar{E}_1$，$\bar{E}_2$が生ずることがある，練習問題1参照．上の定理が主張しているのは，$\bar{E}_1$及び$\bar{E}_2$の**ジョルダン－ヘルダー列から生ずる商加群系**が同じであるということなのである．)

E_2を，Gで安定なEの格子とする．$R_k(G)$に於て，$[\bar{E}_1]=[\bar{E}_2]$であることを示さねばならない．まず特別な場合からはじめる：

a)　$\mathfrak{m}E_1\subset E_2\subset E_1$が成立するとき．

$T=E_1/E_2$とおく；これはk[G]-加群である．すると次の完全系列を得る：

$$0\to T\to \bar{E}_2\to \bar{E}_1\to T\to 0,$$

ここで，準同型写像$T\to\bar{E}_2$は，付値環Aの一つの素元πによる掛算でひきおこされるものとする．これより，$R_k(G)$に移って，

$$[T]-[\bar{E}_2]+[\bar{E}_1]-[T]=0$$

すなわち，$[\bar{E}_1]=[\bar{E}_2]$となる．これで，上述の格子のとり方によらぬという性質が証明された．

b)　一般の場合

必要ならば，E_2を相似な格子(すなわちE_2のスカラー倍)でおきかえて(これは$\bar{E}_2$をかえない)，E_2はE_1に含まれていると仮定することが出来る．このとき，次のような整数$n\geqslant 0$が存在する，

$$\mathfrak{m}^n E_1\subset E_2\subset E_1.$$

そこで，n に関する帰納法により論ずる．$E_3=\mathfrak{m}^{n-1}E_1+E_2$ とする．

$$\mathfrak{m}^{n-1}E_1 \subset E_3 \subset E_1 \quad 及び \quad \mathfrak{m}E_3 \subset E_2 \subset E_3,$$

が成立する．a)及び帰納法の仮定を用いると，これより，

$$[\bar{E}_1] = [\bar{E}_3] = [\bar{E}_2]$$

が導かれ，定理が証明される．

この性質さえ証明されれば，写像 $E \longmapsto [\bar{E}_1]$ が，環の準同型写像

$$d : R_K(G) \rightarrow R_k(G)$$

に延長されることは明らかである．この d を，**分解準同型写像**と呼ぶ．これは，$R_K{}^+(G)$ を，$R_k{}^+(G)$ の中に写像する．d に対応する行列 D($R_K(G)$ 及び $R_k(G)$ の標準的な基底に関して)は，**分解行列**と呼ばれる．これは，$S_k \times S_K$ 型の行列であり，成分は，正又は0の整数である．$F \in S_k$，$E \in S_K$ とすると，D の対応する成分 D_{FE} は，G で安定な E の格子 E_1 の，$\mathfrak{m}$ を法とした還元 $\bar{E}_1$ の組成列の商加群系のなかに，F が現われる回数に等しい：すなわち $R_k(G)$ に於て，$[\bar{E}_1] = \sum_F D_{FE}[F]$ が成り立つ．

注意． 1)　K が完備であるという仮定は，定理 33 の証明のなかにも，準同型写像 d の定義のなかにも必要でない．

2)　類似の結果が，代数群に対しても成り立つ，例えば，*Publ. Math. I. H. E. S.* n° 34, 1968, p. 37–52 を参照．

練 習 問 題

1)　G として，二元よりなる群をとり，$p=2$ とする．E=K[G]とおく．E の中に，G で安定な格子であって，その還元が半単純(しかも $k \oplus k$ に同型)なものと，還元が半単純でない(しかも k[G]に同型な)ものとが存在することを示せ．

2)　E を 0 でない K[G]-加群とし，E_1 を G で安定な E の格子とする．次の二性質の同値性を証明せよ：

i)　E_1 の還元 $\bar{E}_1$ は，単純 k[G]-加群である．

ii)　G で安定な E の任意の格子は，aE_1，ここで $a \in K^*$，の形である．

そしてこれらの条件よりEが単純K[G]-加群であることが導かれることを示せ.

3) (J. Thompsonによる.) Eを**Z**上自由な**Z**[G]-加群とし，階数$n\geqq 2$とする．任意の素数pに対し，Eの還元E/pEは，単純な(**Z**/p**Z**)[G]-加群であるものと仮定する.

a) E上に，**Z**に値をとる対称双一次形式$B(x,y)$であって，任意の$x\neq 0$に対し，$B(x,x)>0$なるものが存在することを示せ.

b) 形式Bを，a)に於ける如く選んでおき，これを線型性により，**Q**-ベクトル空間**Q**⊗Eに延長する．任意の$y\in E$に対し，$B(x,y)\in \mathbf{Z}$なる$x\in \mathbf{Q}\otimes E$全体の集合E′は，aE，ここで$a\in \mathbf{Q}^*$，なる形であることを示せ(練習問題2に対すると同じ論法)．これより，Bを**Z**上非退化，すなわちE′=E，となるように選ぶことが出来ることを導け．$(e_1,\cdots,e_n)$を，Eの基底とすると，そのとき行列$(B(e_i,e_j))$の行列式は1に等しい.

c) Bをb)に於ける如く選んだとする．$x\in E$が存在して，任意の$y\in E$に対して，$B(y,y)\equiv B(x,y)$ (mod. 2)となること，及びかかるxは，2Eを法として，Gで不変であることを示せ．これより$x\equiv 0$ (mod. 2E)，すなわち二次形式$B(x,x)$は偶数の値しかとらぬことを導け.

d) c)より合同式$n\equiv 0$ (mod. 8)を導け．(正値な整係数二次形式で偶かつ判別式1のものは，階数が8で割れるという事実[注]を用いよ.)

e) E_8型のコクセター群の幾何的表現は，上に要求された諸性質をもつことを示せ(Bourbaki，リー群とリー環，［東京図書より邦訳あり］第6章，§4, n°10参照).

15.3. $e:P_k(G)\to R_K(G)$の定義

《Kによるテンソル積》という函手は，$P_A(G)$から$R_K(G)$への準同型写像を定

注　例えば，J.-P. Serre, Cours d'Arithmétique, Presses Univ. France 1970, p. 92及び174，をみよ.

義する．これを標準的な同型写像 $P_A(G) \to P_k(G)$，n° 14.4 参照，の逆写像と合成すると，準同型写像

$$e : P_k(G) \to R_K(G)$$

を得る．この行列を，E であらわす．これは，$S_K \times S_k$ 型である．

練 習 問 題

$x \in R_K(G)$，$y \in P_k(G)$ のとき，$e(d(x) \cdot y) = x \cdot e(y)$ が成立する．

15.4. 三角形 *cde* の初等的性質

a) これは可換である，すなわち $c = d \circ e$，あるいは C=D.E．これはすぐにわかる．

b) 準同型写像 d 及び e は，n° 14.5 の双一次形式に関して，互に他の随伴である．換言すれば：$x \in P_k(G)$，$y \in R_K(G)$ の時

$$\langle x, d(y) \rangle_k = \langle e(x), y \rangle_K .$$

実際，$x = [\overline{X}]$，$y = [K \otimes_A Y]$，ここで X は射影的 A[G]-加群，Y は A 上自由な A[G]-加群，としてよい．このとき，A-加群 $\mathrm{Hom}^G(X, Y)$ は，A 上自由である；r をその階数とする．すると次の標準的な同型が成り立つ：

$$K \otimes \mathrm{Hom}^G(X, Y) = \mathrm{Hom}^G(K \otimes X, K \otimes Y),$$

及び，

$$k \otimes \mathrm{Hom}^G(X, Y) = \mathrm{Hom}^G(k \otimes X, k \otimes Y),$$

これより確かに，$\langle e(x), y \rangle = r = \langle x, d(y) \rangle$ が結論される．

c) K は十分大と仮定しよう．n° 14.5 に於て見た通り，$P_k(G)$ 及び $R_k(G)$ の標準基底は双一次形式 $\langle a, b \rangle_k$ に関して互に他の双対であり，$R_K(G)$ の標準基底は，双一次形式 $\langle a, b \rangle_K$ に関して，それ自身と双対である．これより，e は d の転置写像と同一視されることがわかる；従って，$E = {}^tD$ を得る．$C = D.E = D.\,{}^tD$ であるから，C は対称行列であることがわかる．

練 習 問 題

1) $S, T \in S_k$ とし，P_S, P_T をこれらの射影的包絡とする．

$$d_S = \dim.\mathrm{End}^G(S), \qquad d_T = \dim.\mathrm{End}^G(T),$$

とおき，S が P_T のジョルダン－ヘルダー列にあらわれる回数を C_{ST}，T が P_S のそれにあらわれる回数を C_{TS} と書く，n° 15.1 参照．

a) $C_{ST}d_S = \dim.\mathrm{Hom}^G(P_S, P_T)$，が成り立つことを示せ．

b) これより $C_{ST}d_S = C_{TS}d_T$，を導け(n° 14.5，練習問題 2 を適用せよ)．K が十分大のとき，d_S は全て 1 に等しく，従って行列 $C = (C_{ST})$ が対称であるという事実が再び得られる．

2) 練習問題 1 の記号をそのまま用いる．次の二つの場合のいずれかであることを示せ；S は射影的，$P_S \simeq S$，$C_{SS} = 1$，又は，$C_{SS} \geqslant 2$(n° 14.5，練習問題 3 を用いよ)．

3) $x \in P_k(G)$ ならば，$\langle x, c(x)\rangle_k = \langle e(x), e(x)\rangle_K$ を得る．これより K が十分大ならば，カルタン行列 C によって定義される二次形式は，正値であることを導け．

15.5. 例：p'–群の場合

命題 43. G の位数 g は，p と素とする．このとき：

i) 任意の $k[G]$–加群(及び，A 上自由な $A[G]$–加群)は，射影的である．

ii) $\mathfrak{m}$ を法とする還元の操作により，S_K から S_k の上への一対一写像が定義される．

iii) ii)に述べた写像の下で，S_K と S_k とを同一視すれば，行列 C, D, E は単位行列である．

(より簡潔にいえば：群 G の線型表現の理論は，K 上でも k 上でも《同じ》である．)

E を A 上自由な $A[G]$–加群とする．このとき，E を，$A[G]$上自由な $A[G]$

-加群の商L/Rと書くことが出来る．EがA上自由であることから，LからRの上へのA-線型な射影子πが存在する：Gの位数gは，A中に逆元をもつから，πをその変換の平均$\frac{1}{g}\sum_{s\in G} s\pi s^{-1}$でおきかえることが出来，このようにして得られた射影子は，A[G]-線型である．これは，Eが射影的であることを示す．この論法は，k[G]-加群に対しても同様である．これよりi)が得られ，同時にカルタン行列が単位行列であることも得られる．

$E\in S_k$とすると，EのA[G]に関する射影的包絡は，射影的A[G]-加群E_1であって，その還元$\bar{E}_1=E_1/\mathfrak{m}E_1$がEとなるような$E_1$である．$F=K\otimes E_1$とおくと，$d([F])=[E]$を得る．Eは単純だから，これよりFが単純であり，従ってS_Kの元の一つに同型であることが得られる．このようにして，S_kからS_Kの中への写像$E\longmapsto F$を得るが，この写像が，dの逆であることはすぐにわかる．これより，ii)及びiii)が得られる．

注意． 行列Dが単位行列であるということは，dは$R_K^+(G)$を$R_k^+(G)$の上へ写像することを示している；いいかえると，Gのk上の任意の線型表現は，A上の線型表現にもちあげられる．このことは，直接にためすことも容易である(練習問題参照)．

練 習 問 題

gはpと素とする．Eを自由A-加群とする．

a) nを，$n\geqslant 1$なる整数とし，

$$\rho_n : G\rightarrow \mathbf{GL}(E/\mathfrak{m}^n E)$$

を，GからE/$\mathfrak{m}^n$Eの自己同型写像全体のなす群への準同型写像とする．ρ_nを，

$$\rho_{n+1} : G\rightarrow \mathbf{GL}(E/\mathfrak{m}^{n+1} E)$$

にもちあげることができること，及びこのもちあげかたは，E/$\mathfrak{m}^{n+1}$Eの，$\mathfrak{m}^n$を法として1に合同な自己同型写像による共役を除いてただ一通りであること，を示せ(Gの，End(E/$\mathfrak{m}$E)に値をもつ1次元及び2次元のコホモロジー群は，0である事実を用いよ.)

b) a)より，Gのk上の任意の線型表現ρ_1:G→$\mathbf{GL}$(E/$\mathfrak{m}$E)は，本質的には

一通りに，G の A 上の表現にもちあげられることを導け．

15.6. 例：p-群の場合

G を，位数 p^n の p-群とする．G の標数 p に於ける唯一の既約表現は，単位表現であることがわかっている(n° 8.3，命題 26 の系)．これより，アルチン環 $k[G]$は，剰余体 k をもつ局所環であることが結論される．単純 $k[G]$-加群 k の，射影的包絡は $k[G]$，すなわち G の正則表現，である．群 $R_k(G)$ 及び $P_k(G)$ は共に $\mathbf{Z}$ に同一視され，カルタンの準同型写像 $c:\mathbf{Z}\to\mathbf{Z}$ は，p^n 倍である．準同型写像 $d:R_K(G)\to\mathbf{Z}$ は，(K 上の)階数に対応する；準同型写像 $e:\mathbf{Z}\to R_K(G)$ による整数 n の像は，G の正則表現の類の n 倍である．

15.7. 例：p'-群と p-群との直積

$G=S\times P$ とする，ここで S は，位数が p と素であり，P は p-群である．このとき，$k[G]=k[S]\otimes k[P]$ が成り立つ．さらに：

a) $k[G]$-加群 E が半単純であるための必要十分条件は，P が E 上自明に作用することである．

十分条件であることは，任意の $k[S]$-加群は半単純である，n° 15.5 参照，ことから得られる．必要性をみるには，E が単純であると仮定してよい．n° 15.6. により，E の P によって不変な元全体のなす部分空間 E′ は，$\neq 0$ である．P は G 中で正規だから，E′ は G の下で安定となり，従って E に等しい．これは確かに，P が自明に作用することを示す．

b) $k[G]$-加群 E が射影的であるための必要十分条件は，それが $F\otimes k[P]$ に同型なることである，ここで F は，$k[S]$-加群である．

F は $k[S]$-射影的(n° 15.5 参照)だから，$F\otimes k[P]$ は $k[G]$-射影的である．さらに，F は，$F\otimes k[P]$ の商群中で，P が自明に作用する最大のものであることは明らかである．a)によりこれは，$F\otimes k[P]$ が F の射影的包絡であることを意味する．しかし，任意の射影的加群は，その半単純な商群中の最大のものの射影的包絡である．これより確かに，任意の射影的加群は，$\mathrm{F}\otimes k[\mathrm{P}]$の形であることが結論される．

c) A[G]-加群$\tilde{\mathrm{E}}$が射影的であるための必要十分条件は，それが$\tilde{\mathrm{F}}\otimes\mathrm{A}[\mathrm{P}]$に同型なることである，ここで$\tilde{\mathrm{F}}$は，A上自由なA[S]-加群である．

$\tilde{\mathrm{F}}\otimes\mathrm{A}[\mathrm{P}]$の形の加群が射影的であることは明らかである．逆は，b)を加群$\mathrm{E}=\tilde{\mathrm{E}}/\mathfrak{m}\tilde{\mathrm{E}}$に適用して証明される：$\tilde{\mathrm{E}}$が射影的ならば，$\mathrm{E}\simeq\mathrm{F}\otimes k[\mathrm{P}]$を得る．またFは，A上自由なA[S]-加群$\tilde{\mathrm{F}}$にもちあげられることがわかる($\tilde{\mathrm{F}}$は，A[S]-射影的でさえある，上記参照)；加群$\tilde{\mathrm{F}}\otimes\mathrm{A}[\mathrm{P}]$は，$\mathrm{F}\otimes k[\mathrm{P}]$を還元として持つ．従って$\tilde{\mathrm{E}}$に同型である．

性質a)及びb)は，特にGのカルタン行列がスカラー行列p^n，ここで$p^n=\mathrm{Card}(\mathrm{P})$，であることを示している．

16. 諸　定　理

16.1. 三角形 *cde* の性質

最も重要な結果は次の定理である[注]:

定理 34. 準同型写像 $d:R_K(G)\to R_k(G)$ は，上への写像である．

証明は，n° 17.3 に於て与える．

注意. 1) 定理は主に，K として p 進体 $\mathbf{Q}_p$ をとり，$k=\mathbf{Z}/p\mathbf{Z}$ に適用される：このとき環 A は，p 進整数環 $\mathbf{Z}_p$ である．

2) 象徴的ないい方をすれば，この定理は，G の k 上の任意の線型表現は，《一般表現》(または《見掛けの表現》すなわちグロタンディック群 $R_K(G)$ の元) をも許すならば，標数 0 にもちあげられることを述べている．これは多くの応用の際，貴重な結果である．

定理 35. 準同型写像 $e:P_k(G)\to R_K(G)$ は，分解型の埋め込み写像である．

K が十分大のとき，e は d の転置写像と同一視される (n° 15.4 参照)．従って，e が分解型の埋め込み写像であることは，d が上への写像である事から導かれる．一般の場合には，K′ を K の十分大なる有限次拡大とし，k' をその剰余体とする．次の図式を考える：

注　この本の第 1 版に於ては，定理 34 は，十分大なる体 K に対してのみのべられていた．Claude Chevalley と Andreas Dress は互に独立に，これが一般の場合に成り立つことを私にしらせてくれたのである．

$$\begin{array}{ccc} P_k(G) & \xrightarrow{e} & R_K(G) \\ \downarrow & & \downarrow \\ P_{k'}(G) & \xrightarrow{e'} & R_{K'}(G) \end{array}$$

上にみたことより，e' は分解型の埋め込み写像である．n° 14.6 により，$P_k(G) \to P_{k'}(G)$ もそうである．従って，両者の合成もまた分解型の埋め込み写像である；これより e に対しても同じ結果が成り立つ．

同時に次の結果も証明された．

系 1. K の任意の有限次拡大 K′ に対して，準同型写像

$$P_k(G) \xrightarrow{e} R_K(G) \longrightarrow R_{K'}(G)$$

は，分解型の埋め込み写像である．

e が一対一写像であることは，次に同値である：

系 2. P, P′ を，二つの射影的 A[G]-加群とする．K[G]-加群 K⊗P 及び K⊗P′ が同型ならば，P 及び P′ も同型である．

(実際 $P_A(G) \simeq P_k(G)$ に於ては，等式 [P] = [P′] は，P ≃ P′ に同値であることが既にわかっているからである．)

定理 36. p^n を，G の位数を割る p の最大巾とする．$R_k(G)$ の，p^n で割れる任意の元は，$c: P_k(G) \to R_k(G)$ の像に属する．

証明は，n° 17.4 に於て与えられる．

系 1. カルタンの準同型写像 $c: P_k(G) \to R_k(G)$ は一対一写像(単射)である：その余核は，有限 p-群である．

第二の主張は，定理 36 より得られる；第一の主張は，第二の主張から導かれる．なぜなら，$P_k(G)$ 及び $R_k(G)$ は，同じ階数，すなわち，階数 $\mathrm{Card}(S_k)$ の自由 **Z**-加群だからである．

系 2. k[G] 上の二つの射影的加群が，同じジョルダン－ヘルダーの商をもてば，(すなわちジョルダン－ヘルダー列に属する商群系が同一ならば)，それら

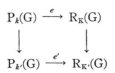

は同型である.

これは, c が一対一写像であることのいいかえである.

系 3. K は十分大とする. このときカルタン行列 C は対称で, 対応する二次形式は, 正値非退化である. C の行列式は, p の巾である.

問題の二次形式は次の形である.

$$\langle x, c(x)\rangle_k = \langle x, d(e(x))\rangle_k = \langle e(x), e(x)\rangle_{\mathrm{K}}, \qquad x \in \mathrm{P}_k(\mathrm{G})$$

形式 $\langle a, b\rangle_{\mathrm{K}}$ は明らかに正値非退化で, e は一対一(定理 35)であるから, 確かに上の形式は, 正値非退化であることが導かれる. 従って, C の行列式は >0 である. C の余核は p-群であるから, $\det(\mathrm{C})$ は, p の巾であることが導かれる.

注意. 1) 上の推論は, 同時に, e が一対一であることから c も一対一であることが導かれることを示す.

2) 定理 36 は, $c\circ c'=p^n$ となるような(従って $c'\circ c=p^n$ ともなるが)準同型写像 $c'\colon \mathrm{R}_k(\mathrm{G}) \to \mathrm{P}_k(\mathrm{G})$ が存在するということと同値である.

3) 定理 36 の指数 n は, 可能な最良のものである, 練習問題 3 参照.

練 習 問 題

1) 定理 34 は, K が十分大でさえあれば, K が完備でなくても, 成り立つことを示せ(K の完備化を $\hat{\mathrm{K}}$ とあらわすとき, 準同型写像 $\mathrm{R}_{\mathrm{K}}(\mathrm{G}) \to \mathrm{R}_{\hat{\mathrm{K}}}(\mathrm{G})$ は同型写像であることに注意し, 定理 34 を $\hat{\mathrm{K}}$ に適用せよ).

2) 準同型写像 $d\colon \mathrm{R}_{\mathbf{Q}}(\mathrm{G}) \to \mathrm{R}_{\mathbf{Z}/5\mathbf{Z}}(\mathrm{G})$ は, G が位数 4 の巡回群であるとき, 上への写像でないことを示せ.

3) H を, G の p-シロー群とする. E が射影的 $k[\mathrm{G}]$-加群ならば, E は, 自由 $k[\mathrm{H}]$-加群(n° 15.6 参照)であり, $\dim. \mathrm{E} \equiv 0 \pmod{p^n}$ となることを示せ. これより, 写像 $[\mathrm{E}] \longmapsto \dim. \mathrm{E}$ から商に移行して, 上への準同型写像 $\mathrm{Coker}(c) \to \mathbf{Z}/p^n\mathbf{Z}$ が定義されることを導け. 特に, $\mathrm{R}_k(\mathrm{G})$ の元 p^{n-1} は, c の像に含まれない.

16.2. e の像の特徴づけ

G の元が p-正則でないとき(n° 10.1 参照), すなわちその位数が p で割れるとき, **p-特異**であるという.

他方, $R_K(G)$ の任意の元は, G 上の中心的函数, すなわちその指標と同一視されることを思い起そう(n° 12.1 及び 14.1 参照).

定理 37. $e: P_k(G) \to R_K(G)$ の像は, その指標が, G の全ての p-特異元上で 0 となるような $R_K(G)$ の元全体よりなる.

さらに, もうすこし精密な結果もある:

定理 38. K′ を K の有限次拡大とする. $R_{K'}(G)$ の元が, $P_A(G)=P_k(G)$ の e による像に属するための必要十分条件は, その指標が, K に値をもち, G の全ての p-特異元の上で 0 となること, である.

証明については, n° 17.5 をみよ.

練 習 問 題

(スワン(Swan)による). Λ をデデキント環, その商体を F とする. G の位数を割る任意の素数 p に対して, Λ の素イデアル $\mathfrak{p}$ であって, $\Lambda/\mathfrak{p}$ が標数 p なるもの, が存在すると仮定する. P を射影的 $\Lambda[G]$-加群とする. $F \otimes P$ は, 自由 F[G]-加群であることを示せ.

($\mathfrak{p}$ に関する完備化によって P から生ずる加群に, 定理 37 を適用せよ. これより, $F \otimes P$ の指標は, G の単位元の外で 0 であることを導け.)

これはとりわけ Λ が代数的数体の整数環である場合に適用される.

16.3. 射影的 A[G]-加群の, 指標による特徴づけ

ここでは, G の K 上の表現のうち, G で安定でかつ A[G]-射影的であるような格子を含むもの, を決めることを問題とする. いいかえれば, $P_k^{+}(G)=$

$P_A{}^+(G)$ の e による像の特徴づけを問題とする．この主題については，部分的な結果しか得られていない．まず：

補題 22. $x \in P_A(G)$ とし，n を $n \geqslant 1$ なる整数とする．$nx \in P_A{}^+(G)$ ならば，$x \in P_A{}^+(G)$ が得られる．

これは明らかである：$r = \mathrm{Card}(S_k)$ とすると，$P_A(G)$ は $\mathbf{Z}^r$ と同一視され，その中で $P_A{}^+(G)$ は $\mathbf{N}^r$ と同一視されるからである．n° 14.3 及び 14.4 参照.

命題 44. K′ を K の有限次拡大とし，A′ を K′ の整数環（すなわち A の K′ 中の整閉包）とする．x を $R_{K'}(G)$ の元とする．そして次の二つの仮定をおく．

a)　x の指標は，K に値をもつ.

b)　整数 $n \geqslant 1$ が存在して，nx はある射影的 A′[G]-加群から係数拡大によって得られる.

このとき，x は，同型を除いてきまるある射影的 A[G]-加群から，（係数拡大によって）得られる.

N=[K′:K]=[A′:A] とする．E′ を，$R_{K'}(G)$ に於ける像が nx となる射影的 A′[G]-加群とし，E を E′ から係数を A[G] に制限して得られる A[G]-加群とする．K⊗E の指標が，x の指標の nN 倍に等しいことは，すぐにためすことが出来る．従って，$R_{K'}(G)$ に於て

$$e([E]) = nN.x,$$

が得られる．定理 37 により，$e([E])$ の指標は，G の全ての p-特異元の上で零である；従って，x の指標についても同じことがいえる．定理 38 より，従ってある $y \in P_A(G)$ により，$x = e(y)$ が成り立つ．e は一対一（定理 35）であるから，これより $[E] = nN.y$ が得られ，補題 22 より y は $P_A{}^+(G)$ に属することが示される．従って，確かにある射影的 A[G]-加群 Y が存在して，$R_K(G)$ に於て $[K \otimes Y] = x$ となる．Y の（同型を除いての）一意性は定理 35 系 2 から得られる.

$e(P_A{}^+(G)) = e(P_A(G)) \cap R_K{}^+(G)$ が真かどうかが問題になろう．これは一般には正しくない（練習問題 1 及び 3 参照）．しかしながら，次の判定法が成り立つ：

命題 45. 次の条件(R)が成り立つと仮定しよう.

(R) K の有限次拡大 K′ であって, その剰余体を k' とするとき, $d(R_{K'}^{+}(G))=R_{k'}^{+}(G)$ となるもの, が存在する.

このとき, $e(P_A{}^{+}(G))=e(P_A(G))\cap R_K{}^{+}(G)$ が成り立つ.

命題 44 を用いると, K が十分大のとき, 等式

$$e(P_A{}^{+}(G)) = e(P_A(G))\cap R_K{}^{+}(G)$$

を証明すれば十分であることがわかる. K が十分大のとき, 条件(R)は, 単に, d が $R_K{}^{+}(G)$ を $R_k{}^{+}(G)$ の上に写像することを意味するに過ぎない. さて, そこで

$$x\in e(P_A(G))\cap R_K{}^{+}(G),$$

とする. $x\in e(P_A(G))$ であるから, x を

$$x=\sum_{E\in S_k} n_E e([\tilde{P}_E])$$

の形に書くことが出来る, ここで $\tilde{P}_E$ は, その $\mathfrak{m}$ を法とする還元が, E の射影的包絡 P_E であるような射影的 A[G]-加群をあらわす(n° 14.4 参照). 整数 n_E が, 正又は 0 であることを示すのが問題である. 条件(R)により, 各 $E\in S_k$ に対し, $d(z_E)=[E]$ となる $z_E\in R_K{}^{+}(G)$ が存在する. $x\in R_K{}^{+}(G)$ であるから, $\langle x, z_E\rangle_K\geqq 0$ が成り立つ. しかし一方 d と e とが随伴であることより, $\langle x, z_E\rangle_K=n_E$ が示される. これより n_E が正又は 0 であることがわかり命題が証明された.

命題 45 と定理 38 とをあわせて, 次の系を得る:

系. G は, 命題 45 の条件(R)を満たすものとする. G の K 上の線型表現が, ある射影的 A[G]-加群から係数拡大によって得られるための必要十分条件は, その指標が G の全ての p-特異元の上で 0 となること, である.

注意. 条件(R)は, 次に同値である:

(R′) K が十分大ならば, 任意の単純な k[G]-加群は, ある K[G]-加群(必然的に単純であるが)の $\mathfrak{m}$ を法とした還元である.

(いいかえると, G の k 上の任意の既約線型表現は, K にもちあげられる.)

定理 39(フォン－スワン(Fong–Swan)). G は，***p*-可解**である，すなわちその組成列の各商群は，p-群であるか，あるいは，位数が p と素な群であるかのいずれかである，と仮定する．このとき G は上の条件(R)及び(R′)を満たす．

証明については，n° 17.6 をみよ．

練 習 問 題

1) 記号は命題 44 と同じである．次を示せ．

$$P_A{}^+(G) = P_{A'}{}^+(G) \cap P_A(G) = P_{A'}{}^+(G) \cap R_K(G)$$

2) K が十分大ならば，条件(R)は，条件 $e(P_A{}^+(G)) = e(P_A(G)) \cap R_K{}^+(G)$ に同値であることを示せ．(元 $x \in P_k(G)$ が，$P_k{}^+(G)$ に属するための必要十分条件は，任意の $y \in R_k{}^+(G)$ に対し，$\langle x, y\rangle_k \geqslant 0$ が成立することであることに注意せよ．)

3) G として，群 **SL**(V) をとる，ここで V は体 $\mathbf{F}_p = \mathbf{Z}/p\mathbf{Z}$ 上の 2 次元のベクトル空間とする．V の i 階の対称積 V_i に於ける G の自然な表現は，$i<p$ に対し絶対既約であることを示せ．(G の p-正則な共役類の個数は p であるから，これらが，G の，同型を除いて，全ての既約表現であることが結論される，n° 18.2，定理 43，系 3 参照．) これらの表現が，K が十分大なる体であっても，K までもちあげられぬような例を与えよ．($p=7$，$i=4$ に対し，dim. $V_i=5$ となり，しかも 5 は G の位数をわらない；これより V_i はもちあげることが出来ないことを導け．)

16.4. 射影的 A[G]-加群の例：不足指数(défaut)0 の既約表現

この節に於ては，K は十分大と仮定する．G の位数 g を割る p の最大巾を p^r とあらわす．

命題 46. E を，単純な K[G]-加群とし，P を，E の G で安定な格子とする．E の次元 n は，p^r で割れるものとする．このとき：

a) Pは，射影的A[G]-加群である．

b) 標準的な写像 $A[G] \to \mathrm{End}_A(P)$ は，上への写像であり，その核は，A[G]に於ける直和因子である(両側イデアルとして)．

c) Pの還元 $\bar{P}=P/\mathfrak{m}P$ は，単純かつ射影的な $k[G]$-加群である．

a)より次の系が導かれることに注意する(定理38参照)：

系． Eの指標 χ_E は，Gの全ての p-特異元の上で零となる．

まずはじめに，n は p^r で割れるから，商 $\dfrac{n}{g}$ は環Aに属する．これにより，《分母》を導入しなくても，すなわち環Aのなかで，フーリエの反転公式(n° 6.2，命題11)を適用することが出来ることになる．

さらに詳しく述べよう．$s \in G$ により定義されるPの自己準同型写像を s_P とおく；$\varphi \in \mathrm{End}_A(P)$ とすると，$s_P{}^{-1}\varphi$ のトレース $\mathrm{Tr}(s_P{}^{-1}\varphi)$ はAに属し，これにより環A[G]の元

$$u_\varphi = \frac{n}{g}\sum_{s \in G} \mathrm{Tr}(s_P{}^{-1}\varphi)s$$

を定義することが出来る．命題11より元 u_φ の $\mathrm{End}_K(E)$ に於ける像は $1\otimes\varphi$ であり，またEと同型でない任意の単純なK[G]-加群E′に対する $\mathrm{End}_K(E')$ に於ける u_φ の像は，0である．特に，u_φ の $\mathrm{End}_A(P)$ に於ける像は φ であり，これよりb)が証明される．a)の主張は，Pは，環 $\mathrm{End}_A(P)$ 上射影的であるという基本的事実から得られる；同じ推論がc)に適用される．

注意．ブロックの理論([9]，[19]参照)に於ける用語を用いると，命題46の場合は，ブロックが唯一の既約指標よりなる場合である．

例．

Gを，標数 p の有限体上の半単純な線型群とすると，次数が p^r に等しいGの既約線型表現(**Q**上の)が存在する：これは，Gの**特別表現**といわれるものであり，R. Steinbergによって発見された(*Canad. J. of Math.*, 8, 1956, p. 580–591及び9, 1957, p. 347–351参照)．Solomon–Titsによれば，この表現をGに対応する**Titsのビルディング**の最大次元の被約ホモロジー群を用いて実現す

ることが出来る注.

練習問題

1) G=$\mathfrak{A}_4$ をとる，n° 5.7 参照. $p=2$ に対しては，G は命題 46 の型の既約表現をもたないこと，及び $p=3$ に対しては，それを一つもつことを示せ. 類似の問題を，$\mathfrak{S}_4$ について考えよ.

2) S∈S_k とする. 次の性質の同値性を証明せよ：

i) S は，射影的 k[G]-加群である.

ii) S は命題 46 の条件を満たすある加群 P の $\mathfrak{m}$ を法とした還元に同型である.

iii) G のカルタン行列の対角成分 C_{SS} は，1 に等しい. (i)及び iii)の同値性については，n° 15.4. 練習問題 2 をみよ)

注　参考文献. L. Solomon, The Steinberg character of a finite group with BN-pair, R. Brauer 及び C.-H. Sah 編，Theory of Finite Groups, W. A. Benjamin, New York 1969, p. 213-221.

17. 証　　明

17.1. 群のとりかえ

Hを，Gの部分群とする．R_K に関しては，制限及び誘導準同型写像を既に定義した：

$$\mathrm{Res}_H^G: R_K(G) \to R_K(H) \quad 及び \quad \mathrm{Ind}_H^G: R_K(H) \to R_K(G).$$

同じ定義が，R_k 及び P_k に対しても適用される：係数の制限により，任意の $k[G]$-加群から一つの $k[H]$-加群が定義され，しかも初めに与えた加群が射影的ならば，得られる加群もそうである．これにより，グロタンディック群に移って，次の準同型写像が得られる．

$$\mathrm{Res}_H^G: R_k(G) \to R_k(H) \quad 及び \quad \mathrm{Res}_H^G: P_k(G) \to P_k(H).$$

他方，Eを $k[H]$-加群とすると，$\mathrm{Ind}\,E = k[G] \otimes_{k[H]} E$ は，(Eから誘導されたと呼ばれる) $k[G]$-加群であり，しかもEが射影的ならば，これもそうである．これより次の準同型写像が得られる．

$$\mathrm{Ind}_H^G: R_k(H) \to R_k(G) \quad 及び \quad \mathrm{Ind}_H^G: P_k(H) \to P_k(G).$$

テンソル積の結合律を用いて，次の各々の場合，

a) $x \in R_K(H)$, $y \in R_K(G)$ 及び $\mathrm{Ind}_H^G(x).y \in R_K(G)$,

b) $x \in R_k(H)$, $y \in R_k(G)$ 及び $\mathrm{Ind}_H^G(x).y \in R_k(G)$,

c) $x \in R_k(H)$, $y \in P_k(G)$ 及び $\mathrm{Ind}_H^G(x).y \in P_k(G)$,

に，下の公式が，苦労なく証明される．

$$(*) \qquad \mathrm{Ind}_H^G(x.\mathrm{Res}_H^G y) = \mathrm{Ind}_H^G(x).y$$

(c) の場合は，$P_k(G)$ が $R_k(G)$ 上の加群であるから意味をもつ.)

最後に，§15 の準同型写像 c, d, e は，準同型写像 Res_H^G 及び Ind_H^G と可換である.

練習問題

Res_H^G 及び Ind_H^G を，準同型写像 $H \to G$ が与えられていて，しかもその核の位数が p と素であるような場合まで拡張せよ(n° 7.2，練習問題1参照).

17.2. モジュラーな場合のブラウアーの定理

定理 40. X を，G の Γ_K-基本部分群全体の集合とする(n° 12.6 参照). Ind_H^G 達により定義される準同型写像

$$\mathrm{Ind}\colon \bigoplus_{H \in X} R_k(H) \to R_k(G)$$

$$\mathrm{Ind}\colon \bigoplus_{H \in X} P_k(H) \to P_k(G)$$

は，上への写像である.

(いいかえれば，定理28は，R_k 及び P_k に対しても成立する.)

環 $R_K(G)$ 及び $R_k(G)$ の単位元を，それぞれ，1_K 及び 1_k とあらわす. $d(1_K)=1_k$ が成り立つ. 定理28より 1_K を，

$$1_K = \sum_{H \in X} \mathrm{Ind}_H(x_H), \quad ここで \quad x_H \in R_K(H)$$

の形に書くことが出来る. d による像を考え，d は Ind_H^G と可換であることを用いると，1_k に対する類似の公式:

$$1_k = \sum_{H \in X} \mathrm{Ind}_H(x_H'), \quad ここで \quad x_H' = d(x_H) \in R_k(H),$$

を得る. $y \in R_k(G)$ 又は $P_k(G)$ とすると，上式に y を掛けて，次が得られる.

$$y = 1_k.y = \sum_{H \in X} \mathrm{Ind}_H(x_H')y = \sum_{H \in X} \mathrm{Ind}_H^G(x_H'.\mathrm{Res}_H^G y).$$

これで定理が証明された.

系. K が十分大ならば，$R_k(G)$ の任意の元は，$\mathrm{Ind}_H(y_H)$ の形の元いくつかの和である，ここで H は G の基本部分群であり，y_H は $R_k(H)$ に属する. また，

$P_k(G)$の元に対しても同様だが，この時y_Hは，$P_k(H)$に属する．

事実，Kが十分大の時には，XはGの基本部分群全体の集合に他ならないからである．

注意． 定理40の証明に於て用いられた推論は，さらに一般的な場合に適用することが出来る，例えば，Swan[20]，§§3, 4を参照．これより例えば，次のようなアルチンの定理(定理27参照)の類似が導かれる：

定理41． TをGの巡回部分群全体の集合とする．準同型写像

$$\mathbf{Q}\otimes \mathrm{Ind}\colon \bigoplus_{H\in T}\mathbf{Q}\otimes R_k(H)\to \mathbf{Q}\otimes R_k(G)$$
$$\mathbf{Q}\otimes \mathrm{Ind}\colon \bigoplus_{H\in T}\mathbf{Q}\otimes P_k(H)\to \mathbf{Q}\otimes P_k(G)$$

は，いずれも上への写像である．

17.3. 定理34の証明

$d\colon R_K(G)\to R_k(G)$が上への写像であることを証明することが当面の問題である．定理40により，$R_k(G)$は$\mathrm{Ind}_H^G(R_k(H))$達，ここでHは，Γ_K-基本的である，によって生成される．dとInd_H^Gとは交換可能であるから，$R_k(H)=d(R_K(H))$を証明すれば十分である．別のいい方をすれば，GがΓ_K-基本的である場合に帰着される．さて，この場合には，より精密な次の結果が得られる：

定理42． lを素数とする．Gは，l-群Pの，位数がlと素の巡回正規部分群Cによる半直積とする．このとき，任意の単純$k[G]$-加群Eは，$A[G]$-加群にもちあげることが出来る．(すなわち，EはあるA上自由な$A[G]$-加群の，$\mathfrak{m}$を法とした還元となる．)

(いいかえると，dは$R_K^+(G)$を$R_k^+(G)$の上に写像する．)

$l\neq p$の場合を考える．C_pをCのp巾成分(すなわちC中の位数がp巾なる元全体のなす部分群)とし，E′を，C_pで不変となる元全体よりなるEの部分ベクトル空間とする．C_pがp-群であることから，$E'\neq 0$が得られる，n°8.3，命

題26参照．C_p はGで正規だから，E′ はGで安定である．従って E′=E が得られ，これは C_p がE上自明に作用すること及びGのEに於ける表現は，G/C_p のある表現から生ずることを意味する．G/C_p の位数は p と素であるから，このような表現がもちあげられることは明らかである(n° 15.5参照).

さて，今度は $l=p$ とする．Gの位数に関する帰納法により論ずる．Cは位数が p と素であるから，CのEに於ける表現は半単純である．これを等型な k[C]-加群の直和に分解する(n° 8.1，命題24参照):

$$\mathrm{E} = \bigoplus_{\alpha} \mathrm{E}_{\alpha}$$

Gは E_α 達の間の置換をひきおこす；Eは単純であるから，Gは零でない E_α 達を，可移に置換する．E_β をそれらの一つとし，G_β を $sE_\beta=E_\beta$ となるGの元 s 全体よりなる部分群とする．E_β が $k[G_\beta]$-加群であり，Eが，対応して E_β から誘導された加群 $\mathrm{Ind}_{G_\beta}^{G}(E_\beta)$ に同型なことは明らかである．さらに，G_β は，Pのある部分群と，群Cとの半直積である．$E_\beta \neq E$ ならば，$G_\beta \neq G$ が得られ，帰納法の仮定を G_β に適用すると，E_β がもちあげられることが示される；従って，Eについても同様である．

従って，Eは等型な k[C]-加群であると仮定してよい．k[G]-加群としてのEの構造を定義する，k[G]から $\mathrm{End}_k(E)$ のなかへの準同型写像を ρ と書く．Eが k[C]-等型であるということは，k[C]の ρ による像が，k の有限次拡大である一つの体 k' であるということと同値である．ρ のCへの制限は，準同型写像 $\varphi: C \to k'^*$ であり，k' は k 上 $\varphi(C)$ によって生成される．加群Eは，自然な k'-ベクトル空間の構造をもつ．

さて，Pで不変なEの元 $v\neq 0$ を選ぼう；Pは p-群であるから，これは可能である，n° 8.3，命題26参照．$x \in C$，$s \in P$ の時，${}^s x = sxs^{-1}$ とおく．次の式が成立する．

$$\rho(s)(\varphi(x).v) = \rho(sxs^{-1})\rho(s).v = \varphi({}^s x).v$$

これより $\varphi(x)v$ 達で生成されるEの部分空間 $k'v$ は，C及びPで安定なことがわかり，従ってEに等しい．これより，$\dim_{k'} E = 1$ である．よって v が k' の単位元になるように，Eをk'と同一視することが出来る．任意の$t\in G$に対し，$\rho(t)$は，ベクトル空間k'の，k-自己準同型写像である；これをσ_tと書こう．$s\in P$の時，構成法より$\sigma_s(1)=1$が得られる．さらに上の公式より，任意の$x\in C$に対し，

$$\sigma_s(\varphi(x))=\varphi({}^s x)$$

が示され，これより，$x, x'\in C$とすると，

$$\sigma_s(\varphi(x)\varphi(x'))=\sigma_s(\varphi(x))\sigma_s(\varphi(x'))$$

が得られる．

k'は，$\varphi(x)$達により生成されるから，これより，$a, a'\in k'$の時，

$$\sigma_s(aa')=\sigma_s(a)\sigma_s(a')$$

が導かれる．いいかえれば，σ_sは体k'の，自己同型写像であり，写像$s\longmapsto\sigma_s$は，準同型写像$\sigma: P\to \mathrm{Gal}(k'/k)$となる．ここで$\mathrm{Gal}(k'/k)$は$k'/k$のガロア群をあらわす．さてここまでくれば，Eのもちあげは，容易に定義される：事実，剰余体の拡大k'/kに対応する，Kの非分岐拡大をK'とし，A'をK'の整数環とする．標準的な同型写像

$$\mathrm{Gal}(K'/K)\rightleftarrows\mathrm{Gal}(k'/k)$$

を用いて，Pを(σにより)K'及びA'の上に作用させることが出来る．他方準同型写像$\varphi: C\to k'^*$は，(例えば，**乗法的な代表系**[訳注]により)準同型写像$\tilde{\varphi}: C\to A'^*$に一意的にもちあげられる．このようにして，Cを相似比が$\tilde{\varphi}(x)$，$x\in C$，の相似写像として，A'上に作用させることが出来る．$x\in C$，$s\in P$ならばふたたび

$$\sigma_s(\tilde{\varphi}(x))=\tilde{\varphi}({}^s x)$$

が成り立つことがすぐに確かめられる．これにより，C及びPのA'上の作用を，G全体の作用に延長することが出来る．A'にこのような$A[G]$-加群の構造を与えたものが求めるもちあげである．

訳注　いまの場合A'^*の部分群Mを適当にとって，写像$A'\to k'$においてMは一対一にk'^*上に写像されるようにできることが知られている．Mを乗法的な代表系という．

注意. Kが十分大のときは，定理42は，Gが基本部分群のとき，従ってCのPによる直積のときしか必要でない．このとき上の証明は，かなり簡単化される：群Pは，単純加群E上に自明に作用し，従って，Eは単純k[C]-加群とみなすことが出来，これをもちあげることは困難ではない．

17.4. 定理36の証明

p^nを，Gの位数を割るpの最大巾とする．$c:P_k(G)\rightarrow R_k(G)$の余核上では$p^n$倍の作用素が零写像となることを示すのが当面の問題である．二つの場合にわける：

a) Kが十分大の場合

定理40の系により，$R_k(G)$は，$\mathrm{Ind}_H^G(R_k(H))$達，ここでHは基本部分群である，により生成される．従って，Gがすでに基本的の場合に帰着される．さて基本的な群は直積S×Pに分解される，ここでSは位数がpと素であり，Pはp-群である．n° 15.7に於て，このような群のカルタン行列は，スカラー行列p^nであることをみた．これにより，Kが十分大の場合には定理が得られる．

b) 一般の場合

K′をKの十分大な有限次拡大とし，その剰余体をk'とする．kからk'への係数拡大により，次の可換な図式が得られる：

$$\begin{array}{ccccccccc} 0 & \rightarrow & P_k(G) & \rightarrow & P_{k'}(G) & \rightarrow & P & \rightarrow & 0 \\ & & \downarrow{\scriptstyle c} & & \downarrow{\scriptstyle c'} & & \downarrow{\scriptstyle \gamma} & & \\ 0 & \rightarrow & R_k(G) & \rightarrow & R_{k'}(G) & \rightarrow & R & \rightarrow & 0 \end{array}$$

ここで，$P=P_{k'}(G)/P_k(G)$及び$R=R_{k'}(G)/R_k(G)$とする．これより完全系列

$$0\rightarrow \mathrm{Ker}(c)\rightarrow \mathrm{Ker}(c')\rightarrow \mathrm{Ker}(\gamma)\rightarrow \mathrm{Coker}(c)\rightarrow \mathrm{Coker}(c')\rightarrow \mathrm{Coker}(\gamma)\rightarrow 0$$

が得られる．

a)により，$\mathrm{Coker}(c')$上ではp^n倍は零写像になる．$P_{k'}(G)$及び$R_{k'}(G)$は，同じ階数をもつから，c'は一対一であることが得られ，これより同じ結果がcに

対しても成り立ち，$\mathrm{Coker}(c)$ は有限となる．しかし，$P_k(G) \to P_{k'}(G)$ は分解的な埋め込み写像(n° 14.6 参照)であることがわかっている．群Pは従って $\mathbf{Z}$ 上自由であり，$\mathrm{Ker}(\gamma)$ についても同様である．$\mathrm{Ker}(c')=0$ かつ $\mathrm{Coker}(c)$ は有限であるから，上の完全系列より，$\mathrm{Ker}(\gamma)=0$ が得られ，これより $\mathrm{Coker}(c)$ は，$\mathrm{Coker}(c')$ の中に埋め込まれることがわかる．$\mathrm{Coker}(c')$ 上では，p^n 倍が零写像となるから，$\mathrm{Coker}(c)$ についても同様である．これにより証明が完成する．

17.5. 定理 38 の証明

必要なら，K′ を拡大して，K′ は十分大と仮定することが出来る．

i)　必要性

E を射影的 $A'[G]$-加群とし，χ を $K'[G]$-加群 $K'\otimes_{A'}E$ の指標とする．$s\in G$ が p-特異のとき，$\chi(s)=0$ を証明しなければならない．G を，s で生成される巡回部分群でおきかえて，G は巡回群，従って $S\times P$，ここで S は位数が p と素，P は p-群である，の形であると仮定することが出来る．n° 15.7 に於てみたことにより，E は $F\otimes A'[P]$ に同型である，ここで F は A′ 上自由な $A'[S]$-加群である．$K'\otimes E$ の指標 χ は従って $\psi\otimes r_P$ に等しい，ここで ψ は S の指標であり，r_P は P の正則表現の指標である．このような指標は明らかに S の外で 0 であり，従って，確かに $\chi(s)=0$ が示される．

ii)　十分性(第一部)

$y\in R_{K'}(G)$ とし，χ を対応する一般指標とする．G の任意の p-特異元 s に対し，$\chi(s)=0$ であると仮定しよう．

y が $P_{A'}(G)$ (この群を，e により，$R_{K'}(G)$ の部分群と同一視して)に属することを示そう．

定理 40 の系より，

$$1=\sum \mathrm{Ind}(x_H), \qquad x_H\in R_{K'}(G)$$

の形に書ける．ここで H は G の基本部分群全体の集合を動く．y を掛けることにより，次式が得られる：

$$y=\sum \mathrm{Ind}(y_{\mathrm{H}}),\quad ここで\quad y_{\mathrm{H}}=x_{\mathrm{H}}.\mathrm{Res}_{\mathrm{H}}(y)\in \mathrm{R}_{\mathrm{K}'}(\mathrm{H})$$

y_{H} の指標は，H の全ての p-特異元の上で零である．y_{H} が $\mathrm{P}_{\mathrm{A}'}(\mathrm{H})$ に属することがわかれば，y は $\mathrm{P}_{\mathrm{A}'}(\mathrm{G})$ に属することが結論される．いいかえれば，我々の主張を，Gが基本的な場合に証明すればよいことになる．

この仮定をおき，G を前の様に S×P と分解する．$\mathrm{R}_{\mathrm{K}'}(\mathrm{G})=\mathrm{R}_{\mathrm{K}'}(\mathrm{S})\otimes\mathrm{R}_{\mathrm{K}'}(\mathrm{P})$ が得られる：χ が S の外で 0 であることより，χ を $f\otimes r_{\mathrm{P}}$ の形，ここで f は S 上の中心的函数，r_{P} は P の正則表現の指標，と書くことが出来る．ρ を S の一つの指標とするとき，

$$\langle f\otimes r_{\mathrm{P}},\rho\otimes 1\rangle=\langle f,\rho\rangle\langle r_{\mathrm{P}},1\rangle=\langle f,\rho\rangle$$

が成り立つ．左辺は，$\langle\chi,\rho\otimes 1\rangle$ に等しいから整数である；従って任意の ρ に対して，$\langle f,\rho\rangle\in\mathbf{Z}$ が得られ，これは f が S の一般指標であることを示す．従って，y を次の形に書くことが出来る：

$$y=y_{\mathrm{S}}\otimes y_{\mathrm{P}}$$

ここで，$y_{\mathrm{S}}\in\mathrm{R}_{\mathrm{K}'}(\mathrm{S})$ であり，y_{P} は P の正則表現の類である．$y_{\mathrm{S}}\in\mathrm{P}_{\mathrm{A}'}(\mathrm{S})$ かつ $y_{\mathrm{P}}\in\mathrm{P}_{\mathrm{A}'}(\mathrm{P})$ だから確かに，$y\in\mathrm{P}_{\mathrm{A}'}(\mathrm{G})$ が得られる．

iii) 十分性(第二部)

ii)の記号をそのまま用い，さらに y の指標 χ は，K に値をもつと仮定する．y が $\mathrm{P}_{\mathrm{A}}(\mathrm{G})$ に属することを証明しなければならない．ii)によりとにかく $y\in\mathrm{P}_{\mathrm{A}'}(\mathrm{G})$ はわかっている．

r を，拡大 K′/K の次数とする．係数の制限により，任意の A′[G]-加群から，A[G]-加群が定まり，しかもそれは，もとのものが射影的なら射影的である．これより制限の準同型写像

$$\pi:\mathrm{P}_{\mathrm{A}'}(\mathrm{G})\to\mathrm{P}_{\mathrm{A}}(\mathrm{G})$$

が導かれる．$z=\pi(y)$ とおく．このとき $z=ry$ が成り立つ．事実，この等式は，$\mathrm{R}_{\mathrm{K}'}(\mathrm{G})$ のなかで確かめれば十分であり，そのためには，z に対応する指標 χ_z が $r\chi$ に等しいことを示せば十分である．さて明らかに，

$$\chi_z = \mathrm{Tr}_{K'/K}(\chi)$$

が成り立ち，χ はKに値をもつから，これより確かに，$\chi_z = r\chi$ が得られる．従って，$y \in P_{A'}(G)$ かつ $ry \in P_A(G)$ を得る．しかし，包含写像

$$P_A(G) \to P_{A'}(G)$$

は，分解型の埋め込み写像である，n° 14.6 参照，そして ry は $P_{A'}(G)$ 中で r で割れるから従って，$P_A(G)$ に於ても同様である．これは $y \in P_A(G)$ を意味し，証明が完成する．

17.6. 定理 39 の証明

ある群Gが**高さ h の p-可解群**であるとは，それが h 個の群による拡大の繰り返しにより単位群から得られ，しかもそれら h 個の群は位数が p と素であるか，あるいは p 巾であるかのいずれかになっていることをいう．このとき，Kが十分大ならば，任意の単純 $k[G]$-加群が，あるA上自由な，$A[G]$-加群の還元となることを証明したい．h に関する帰納法により論じ($h=0$ の場合は自明である)，高さ h の群に対しては，Gの位数に関する帰納法によって論じよう．

Iを，位数が p と素か，あるいは p 巾であって，しかも G/I が高さ $h-1$ であるような，Gの正規部分群とする．Eを単純 $k[G]$-加群(従って絶対単純)とする．Iが p-群ならば，Iにより不変なEの元全体のなす部分空間 E^I は，$\neq 0$ でありEに等しい：従ってEは単純 $k[G/I]$-加群である；帰納法の仮定により，これをA上自由な $A[G/I]$-加群にもちあげることが出来る．これよりこの場合の結果が得られる．

よってIの位数が p と素であると仮定しよう．命題24の証明に於けるように，Eを等型な $k[I]$-加群(すなわち同型な単純加群の直和)の直和に分解する：

$$E = \bigoplus E_\alpha$$

ここで，E_α は型が $\bar{S}_\alpha$ の等型な $k[I]$-加群である．

群Gは，E_α 達を置換する；Eは単純であるから，零でない E_α 達を可移に置

換する．E_αを，それらの一つとし，G_αを，$s(E_\alpha)=E_\alpha$となる$s\in G$全体よりなるGの部分群とする．このとき，E_αは$k[G_\alpha]$-加群であり，Eがこれより誘導された$k[G]$-加群であることは明らかである．$E_\alpha\neq E$ならば，$G_\alpha\neq G$を得，帰納法の仮定をG_αに適用して，E_αは，もちあげられることが示される；従ってEについても同様である．

従って，Eは型が$\bar{S}$の等型な$k[I]$-加群であると仮定することができる，ここで$\bar{S}$はある単純$k[I]$-加群である．Iは位数がpと素であるから，$\bar{S}$を本質的にはただ一通りに，A上自由なA[I]-加群にもちあげられる．それをSとすると，$K\otimes S$が絶対単純であることは明らかである．n° 6.5，命題16系2により，dim. Sは，Iの位数を割ることがわかる；特に，dim. Sはpと素である．

さて，$s\in G$とし，Iの自己同型写像$x\longmapsto sxs^{-1}$を，i_sと書く．Eが$\bar{S}$型の等型な加群であるから，$\bar{S}$は(従ってSもまた)それをi_sによって変換したものに，同型である．このことは，次の様にあらわすことができる：

$\rho:I\rightarrow \mathrm{Aut}(S)$を，SのI-加群としての構造を定義している準同型写像とし，U_sを，全ての$x\in I$に対し

$$t\rho(x)t^{-1}=\rho(sxs^{-1})$$

となるような$t\in \mathrm{Aut}(S)$全体のなす集合とする．このとき，U_sは空でない．

G_1を，対(s,t)(ただし$s\in G$，$t\in U_s$)の全体のなす群とする．対(s,t)に元sを対応させて，上への準同型写像$G_1\rightarrow G$を得る；この核はU_1に等しく，これはAの乗法群A^*に他ならない．群G_1は従ってGのA^*による中心拡大である；これはS上に準同型写像$(s,t)\longmapsto t$により作用する．

ここで，G_1を一つの有限群でおきかえよう．$d=\mathrm{dim}.\,S$とする．$s\in G$ならば，元$\det(t)(t\in U_s)$達は，A^*のA^{*d}を法とする一つの剰余類をなす．必要ならK′を拡大して，(これは$R_K(G)$を変えぬから許される)，この類は単位元の類である，いいかえれば，各U_sは行列式1の元を含む，と仮定することが出来る．こうしておいて，Cを，$\det(\rho(x))(x\in I)$の全体よりなるA^*の部分群とし，G_2を，$t\in U_s$，かつ$\det(t)\in C$なる(s,t)全体よりなるG_1の部分群とする．群G_2は，上記の写像$G_1\rightarrow G$において，Gの上へ写像される；$G_2\rightarrow G$の核Nは，$a^d\in C$

となる a 全体よりなる A^* の部分群に同型である．d 及び Card(C) は p と素であるから，N は位数が p と素の巡回群であることが結論される．

G_2 の表現 $(s,t)\longmapsto t$ を，$\rho_2:G_2\to \mathrm{Aut(S)}$ と記そう．I を，$x\longmapsto(x,\rho(x))$ により G_2 の部分群と同一視すれば，ρ_2 の I への制限は ρ に等しいことがわかる．従って，ρ を，G 自身でないにしても，すくなくとも G のある中心拡大にまで延長することができた(シューアの意味での G の《射影》表現が得られた訳である)．I は G_2 で正規であること，及び $\mathrm{I}\cap\mathrm{N}=\{1\}$ に注意しよう．

さて，はじめに与えられた k[G]-加群 E にもどろう．

$\mathrm{F}=\mathrm{Hom}^{\mathrm{I}}(\bar{\mathrm{S}},\mathrm{E})$ とし，$u:\bar{\mathrm{S}}\otimes\mathrm{F}\to\mathrm{E}$ を，$a\otimes b(a\in\bar{\mathrm{S}},b\in\mathrm{F})$ に，E の元 $b(a)$ を対応させる準同型写像とする．E が等型で，その型が $\bar{\mathrm{S}}$ であることから，容易に，u が $\bar{\mathrm{S}}\otimes\mathrm{F}$ から E の上への同型写像であることが導かれる．

群 G_2 は，ρ_2 の還元により $\bar{\mathrm{S}}$ に作用する；これはまた，$G_2\to G$ により E 上に作用する；従って F 上に作用する．同型写像

$$u:\bar{\mathrm{S}}\otimes\mathrm{F}\to\mathrm{E}$$

は，G_2 の作用と両立する．従って E を $k[G_2]$-加群と考えて，$k[G_2]$-加群 $\bar{\mathrm{S}}$ 及び F のテンソル積と同一視することが出来る．E をもちあげるためには，従ってまず $\bar{\mathrm{S}}$ 及び F をもちあげ，次にこれらをもちあげたもののテンソル積をとれば十分である．実際その時 A 上自由な $A[G_2]$-加群 $\tilde{\mathrm{E}}$ が得られるが，一方 N は位数が p と素であって，しかも $\tilde{\mathrm{E}}$ の還元 E 上に自明に作用するから，N は $\tilde{\mathrm{E}}$ 上にも自明に作用することが導かれる(n° 15.5 参照)．すなわち $\tilde{\mathrm{E}}$ は A[G]-加群と考えてよいことになる；従って確かに E をもちあげたことになる．

従って，一切は F がもちあげられることの証明に帰着される．($\bar{\mathrm{S}}$ の場合は，既に解決しているから.) さて，F は単純 $k[G_2]$-加群(E がそうであるから)で，その上に構成法より I は自明に作用する．従ってこれを，単純 k[H]-加群，ただし $\mathrm{H}=\mathrm{G}_2/\mathrm{I}$，と考えることが出来る．

群 H は，G/I(これは高さ $\leqslant h-1$ の p-可解群)の，群 N(これは位数が p と素の巡回群)による中心拡大である．$h=1$ ならば，H=N を得，F をもちあげることはすぐに出来る(n° 15.5)．$h\geqslant 2$ ならば群 H/N は，次の二条件を満たす正

規部分群M/Nを含む:

a) H/M=(H/N)/(M/N)は，高さ $\leqslant h-2$ である.

b) M/Nは，p-群であるか，あるいは位数が p と素の群である.

M/Nが p-群ならば，NはG$_1$ の中心に含まれる部分群で，かつその位数が p と素だから，Mは積N×Pの形に書ける，ここでPは p-群である．証明のはじめの部分と同じ論法により，PはF上自明に作用することが示されるから，Fを k[H/P]-加群と考えることが出来る．しかしH/Pが，高さ $\leqslant h-1$ であることは明らかである．従って帰納法の仮定によりFをもちあげることが出来る．最後に，M/Nの位数が p と素の場合がのこる．この場合は，Mは位数が p と素であり，H/Mは，高さ $\leqslant h-2$ であるから，Hの高さは $h-1$ より小である．よって再び帰納法の仮定を適用することが出来る．これにより証明が完成した.

18. モジュラー指標

いままで説明してきた諸結果は，大部分 R. ブラウアーによるものである．彼はこれらを，少々別の言葉を用いて，すなわちモジュラー指標の言葉を用いて，述べたのであった．これからそれについて説明しよう．

話を簡単にするために，K は十分大と仮定する．

18.1. 表現のモジュラー指標

G の p-正則元全体の集合を G_{reg} とし，m' を G_{reg} の元の位数の最小公倍数とする．仮定により，K は 1 の m' 乗根全体のなす群 μ_{K} を含む；さらに，m' は p と素であるから，$\mathfrak{m}$ を法とする還元 $\lambda \longmapsto \bar{\lambda}$ は，μ_{K} から剰余体 k の 1 の m' 乗根全体のなす群 μ_k の上への同型写像である．$\lambda \in \mu_k$ とするとき，$\mathfrak{m}$ を法とする還元が λ となるような μ_{K} の元を $\tilde{\lambda}$ と書く．

E を n 次元の $k[\mathrm{G}]$-加群，$s \in G_{\mathrm{reg}}$ とし，s_{E} を s により定義される E の自己準同型写像とする．s の位数が p と素であることから，s_{E} は対角化可能であり，その固有値 $(\lambda_1, \cdots, \lambda_n)$ は μ_k に属する．このとき，

$$\varphi_{\mathrm{E}}(s) = \sum_{i=1}^{i=n} \tilde{\lambda}_i,$$

とおく．このようにして定義される函数 $\varphi_{\mathrm{E}}: G_{\mathrm{reg}} \to \mathrm{A}$ を，E の**モジュラー指標**と呼ぶ．

以下の性質は，容易にわかる．

i)　$\varphi_E(1)=n=\dim. E$.

ii)　φ_E は，G_{reg} 上の中心的函数である．すなわち，$s\in G_{reg}$，$t\in G$ とするとき，

$$\varphi_E(tst^{-1})=\varphi_E(s)$$

が成り立つ．

iii)　$0\to E\to E'\to E''\to 0$ を，$k[G]$-加群の完全系列とするとき，

$$\varphi_{E'}=\varphi_E+\varphi_{E''}$$

が成り立つ．

iv)

$$\varphi_{E_1\otimes E_2}=\varphi_{E_1}\cdot\varphi_{E_2}$$

が成り立つ．

v)　$t\in G$ の p'-成分が $s\in G_{reg}$ であるとき，E の自己準同型写像 t_E のトレースは，$\varphi_E(s)$ の $\mathfrak{m}$ を法とする還元である；すなわち，次式が成り立つ．

$$\mathrm{Tr}(t_E)=\overline{\varphi_E(s)}$$

（このことは，$(t^{-1}s)_E$ の固有値は，1 の p^n 乗根であり，従って，k が標数 p であるから，すべて 1 に等しいことに注意すればわかる．実際これから t_E の固有値は，s_E の固有値と全体として同じであることが得られ，求める公式が得られる[訳注]．）

vi)　F を指標 χ の $K[G]$-加群とし，E_1 を G で安定な F の格子，$E=E_1/\mathfrak{m}E_1$ を，E_1 の $\mathfrak{m}$ を法とした還元とする．このとき，φ_E は，χ の G_{reg} への制限である．

(G の位数が p と素の巡回群のとき示せば十分である．さらに，定理 33 より，φ_E は G で安定な格子 E_1 の選び方によらないことが示される．これにより，E_1 が G の固有ベクトルで生成される場合に帰着させることが出来る．しかしこの場合には，求める結果はすぐわかる．）

訳注　二つの可換な行列 A, B の固有値を適当な順序に並べたものをそれぞれ $\alpha_1,\cdots,\alpha_n$；$\beta_1,\cdots,\beta_n$ とすれば $\alpha_1\beta_1,\cdots,\alpha_n\beta_n$ が AB の固有値になるという行列論の定理がある．

vii)　Fを，射影的$k[G]$-加群とし，$\tilde{F}$を還元がFであるような射影的$A[G]$-加群とする．$\tilde{F}$の指標(すなわち，$K[G]$-加群$K\otimes\tilde{F}$の指標)を，Φ_Fと書くことにしよう．Eを任意の$k[G]$-加群とすると，$E\otimes F$は，$k[G]$-射影的であることが知られているから，$\Phi_{E\otimes F}$は意味をもつ．このとき，次の式が成り立つ．

$$\Phi_{E\otimes F}(s)=\begin{cases}\varphi_E(s)\Phi_F(s) & s\in G_{reg}\text{ の場合,}\\ 0 & \text{そうでないとき.}\end{cases}$$

φ_Eは，G_{reg}の外では定義されていないが，上式をより簡単に，$\Phi_{E\otimes F}=\varphi_E\cdot\Phi_F$と書くことにしよう．

($s\notin G_{reg}$ならば，$\Phi_{E\otimes F}(s)=0$は知られている，定理37参照．他方vi)により，$\Phi_{E\otimes F}$のG_{reg}への制限は，$E\otimes F$のモジュラー指標に等しく，それはiv)により$\varphi_E\cdot\Phi_F$である．)

viii)　vii)の仮定のもとで，

$$\langle E,F\rangle_k=\frac{1}{g}\sum_{s\in G_{reg}}\Phi_F(s^{-1})\varphi_E(s)=\langle\varphi_E,\Phi_F\rangle,$$

が成り立つ，ここで$g=\mathrm{Card}(G)$．

(定義により，$\langle E,F\rangle_k$は，$H=\mathrm{Hom}(F,E)$中のGで不変な元全体よりなる部分空間H^Gの次元である．さて，Hは射影的$k[G]$-加群であり，$\tilde{H}$を対応する射影的$A[G]$-加群とすると，$\dim_k H^G=\mathrm{rg}_A\tilde{H}^G$($\tilde{H}^G$の階数)であることが容易にわかる．従って$\Phi_H$を，$K\otimes\tilde{H}$の指標とすると，

$$\langle E,F\rangle_k=\langle 1,\Phi_H\rangle=\frac{1}{g}\sum_{s\in G}\Phi_H(s),$$

が成り立つ．しかしHは，EとFの双対とのテンソル積に同型である．vii)により従って，$s\in G_{reg}$なら$\Phi_H(s)=\Phi_F(s^{-1})\varphi_E(s)$を得，そうでなければ，$\Phi_H(s)=0$を得る．これより求むる結果が得られる．)

EがGの単位表現である特別な場合を考えると次の結果が得られる：

ix)　Fの，Gで不変な元全体より成る部分空間F^Gの次元は，$\langle 1,\Phi_F\rangle=\frac{1}{g}\sum_{s\in G_{reg}}\Phi_F(s)$，である．

注意. 性質 iii) により，$R_k(G)$ の任意の元 x に対して，一般モジュラー指標(見掛けのモジュラー指標) φ_x を定義することが出来る．vi) により，$y \in R_K(G)$ が $x=d(y)$ を満たしていれば，φ_x は y の一般指標 χ_y の，G_{reg} への制限に過ぎない．

任意の k 上の線型代数群に対して，類似の定義をすることが出来る(考えをきめる為に，k は代数的閉体と仮定する)．G_{reg} を，G の半単純元[訳注]全体の集合として定義する；E を G の線型表現とし，$s \in G_{reg}$ とするとき，$\varphi_E(s)$ を s_E の固有値の乗法的な代表(乗法的な代表系については n° 17.3 (170 頁) の脚註参照) の和として定義する；このように定義されたモジュラー指標 φ_E は，A に値をもつ，G_{reg} 上の中心的函数である．

18.2. モジュラー指標の独立性

既述のように，S_k は単純 $k[G]$-加群の同型類全体の集合であったことを想起しよう．S_k の元 E に対応する φ_E を，群 G の**既約モジュラー指標**と呼ぶ．

定理 43 (R. ブラウアー)．既約モジュラー指標 φ_E $(E \in S_k)$ 達は，G_{reg} 上の，K に値をもつ中心的函数全体のなす K-ベクトル空間の一つの基底をなす．

この結果は，同値な次の形に述べることも出来る．

定理 43′. 写像 $x \longmapsto \varphi_x$ は，$K \otimes R_k(G)$ から，G_{reg} 上の K に値をもつ中心的函数全体のなす多元環の上への同型写像に拡張される．

これらの定理より，すぐに次の系が導かれる：

系 1. F 及び F′ を同じモジュラー指標をもつ二つの $k[G]$-加群とする．このとき，$R_k(G)$ の中で，$[F]=[F']$ が成り立つ；F 及び F′ が半単純ならば，これらは同型である．

系 2. 準同型写像 $d: R_K(G) \to R_k(G)$ の核は，その一般指標 χ_x が G_{reg} 上で 0

訳注　線型代数群中の対角化可能な元を半単純(semi-simple)という．

となる元x全体よりなる.

(dは，上への写像であるから，これによって，$R_k(G)$を$R_K(G)$の商群として，具体的にあらわすことが出来る.)

系 3. 単純$k[G]$-加群の同型類の個数は，Gのp-正則な共役類の個数に等しい.

証明. a)　まず，$\varphi_E(E\in S_k)$達は，K上線型独立であることを証明しよう. 事実，関係$\sum a_E\varphi_E=0$が成り立つと仮定する，ここで$a_E\in K$とし，その全ては零でないものとする. 必要ならば，a_E達にKの同じ元を掛け，これらは環Aに属し，それらのすくなくとも一つは$\mathfrak{m}$に属さぬものと仮定することが出来る. $\mathfrak{m}$を法とする還元により，このとき，任意の$s\in G_{reg}$に対し，

$$\sum_{E\in S_k}\bar{a}_E\,\overline{\varphi_E(s)}=0$$

が得られる，ここで$\overline{}$は，$\mathfrak{m}$を法とする還元をあらわし，$\bar{a}_E$達のうちの一つは，$\neq 0$である. 前の節の公式v)により，これから，任意の$t\in G$に対し，

$$\sum\bar{a}_E\,\mathrm{Tr}(t_E)=0$$

が成り立ち，従って又，任意の$t\in k[G]$に対してもこれが成り立つ. しかし，Kは十分大だから，加群Eは絶対単純であり，従って稠密性定理([8], §4, n°2)により準同型写像$k[G]\to\bigoplus_{E\in S_k}\mathrm{End}_k(E)$は，上への写像である. そこで$\bar{a}_E\neq 0$なる$E\in S_k$をとり，$u\in\mathrm{End}_k(E)$をトレース1の元(例えば，ある直線の上への射影子)とし，tを$\mathrm{End}_k(E)$に於ける像がu，$E'\neq E$なる$\mathrm{End}_k(E')$に於ける像が0なる$k[G]$の元とする. このとき，$\bar{a}_E\cdot 1=0$が得られるが，これは矛盾である.

証明のこの部分は，線型代数群に対しても同じ様に適用される.

b)　φ_E達が，G_{reg}上の中心的函数全体のなすベクトル空間を生成することを示さねばならない. fをそのような函数とし，これをG上の中心的函数f'に拡張する. f'は，$\sum\lambda_i\chi_i$，ここで$\lambda_i\in K$，$\chi_i\in R_K(G)$，の形に書けることが知られている. これより，$f=\sum\lambda_i d(\chi_i)$が導かれる，ここで，$d(\chi_i)$は，$\chi_i$の$G_{reg}$への制限である. 各$d(\chi_i)$は，$\varphi_E$達の線型結合であるから，求める結果が確かに得られる.

問題(ブラウアー). $E \in S_k$とし，p^eを$\dim(E)$を割るpの最大巾とする．p^eがGの位数を割るというのは真であるか？

練習問題

1) (この練習問題に於ては，Gが有限，あるいはkは標数$\neq 0$とは仮定しない.) E及びE′を，二つの半単純な$k[G]$-加群とする．任意の$s \in G$に対し，多項式$\det(1+s_E T)$及び$\det(1+s_{E'} T)$は等しいものと仮定する．E及びE′は同型であることを示せ．(kが代数的閉体の場合に帰着させ，定理43の証明のa)の部分の如く論ぜよ.)

これよりEが半単純で，s_Eが全て巾単[訳注]であれば，GはE上自明に作用することを導け(**コルチン**(Kolchin)**の定理**).

2) HをGの部分群とし，Fを$k[H]$-加群，$E=\mathrm{Ind}_H^G F$とする．Eのモジュラー指標φ_Eは，φ_Fより，標数0の場合と同じ公式により導かれることを示せ．

3) 環$R_k(G)$のスペクトルは，いかなるものか．

4) 既約モジュラー指標全体は，Aに値をとるG_{reg}上の中心的函数全体のなすA-加群の，一つの基底をなすことを示せ．(n° 10.3の補題8を用いて，G_{reg}上のAに値をとる任意の中心的函数は，G上の中心的函数で，$A \otimes R_K(G)$に属するものに拡張されることを示せ.)

18.3. いいかえ

写像$x \longmapsto \varphi_x$が，$K \otimes R_k(G)$からG_{reg}上の中心的函数全体のなす空間の上への同型写像を定義することは，上にみてきた通りである．他方，写像$K \otimes e$: $K \otimes P_k(G) \to K \otimes R_K(G)$により，$K \otimes P_k(G)$は，G上の中心的函数であって，$G_{reg}$の外で0となるもの全体のなすベクトル空間と同一視される(これは，例えば，これら二つの空間の次元を比較することによりたしかめられる)．このようにして，Kによるテンソル積を行なうと，三角形cdeは，次の如くになる:

訳注　s_Eの固有値がすべて1に等しいことをいう．

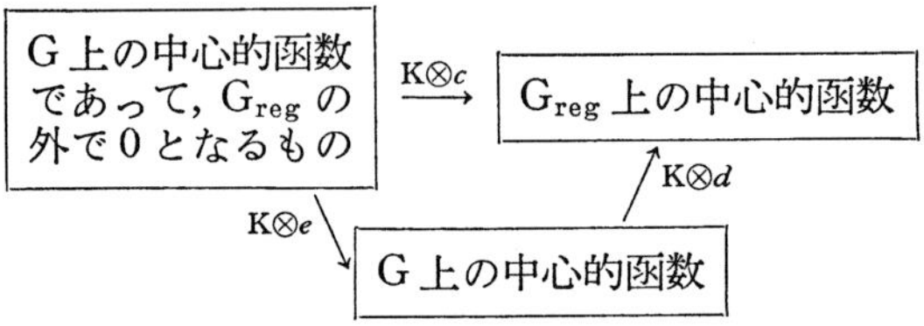

ここで，写像 K⊗c, K⊗d, K⊗e の意味は明らかであろう：すなわち，それぞれ制限写像，制限写像，包含写像，である．定理 36 系 1 に呼応して，K⊗c は同型写像であることに注意しよう．

行列 C 及び D は，次のように解釈される：$F \in S_K$ とし，F の指標を χ_F と書く；$E \in S_k$ のとき，E のモジュラー指標を φ_E，E の射影的包絡の指標(n° 18.1, vii)の意味で)を Φ_E と書く．すると，次式が成り立つ．

$$\chi_F = \sum_{E \in S_k} D_{EF}\varphi_E, \qquad (G_{reg} \text{ 上で})$$

$$\Phi_E = \sum_{F \in S_K} D_{EF}\chi_F, \qquad (G \text{ 上で})$$

$$\Phi_E = \sum_{E' \in S_k} C_{E'E}\varphi_{E'}, \qquad (G_{reg} \text{ 上で})$$

また同時に，次の直交関係も成り立つ．

$$\langle \Phi_E, \varphi_{E'} \rangle = \delta_{EE'}, \quad \text{ここで，} \quad \langle \Phi_E, \varphi_{E'} \rangle = \frac{1}{g} \sum_{s \in G_{reg}} \Phi_E(s^{-1})\varphi_{E'}(s).$$

ここでまた，定理 36 自体の次のようないいかえを述べておこう．

定理 36′. p^n を G の位数を割る p の最大巾とする．φ を G のモジュラー指標とし，Φ を次の式

$$\Phi(s) = p^n\varphi(s) \qquad (s \in G_{reg} \text{ の場合})$$

$$\Phi(s) = 0 \qquad (s \notin G_{reg} \text{ の場合})$$

により定義すると，この函数 Φ は，G の一般指標である．

こういった種類のいいかえを，他にも考えて実行することは，読者にまかせよう．

練 習 問 題

G は p-可解(n° 16.3 参照)であるとする．$F \in S_K$ の時，χ_F の G_{reg} への制限

を φ_F と書く．G_{reg} 上の函数 φ が，ある単純 $k[G]$-加群のモジュラー指標であるための必要十分条件は，次の二つの条件を満たすことである：

a） $\varphi=\varphi_F$ となる $F\in S_K$ が存在する．

b） $\varphi=\sum n_E\varphi_E$ を満たすような各整数系 $(n_E)_{E\in S_K}$（ただし各 $n_E\geqslant 0$）に対して，必らず n_E 達の一つは1に等しく，残りは0となる．（Fong–Swan の定理を用いよ．）

18.4. d の代表逆写像

準同型写像 $d:R_K(G)\to R_k(G)$ は，上への写像である（定理 34）．これの代表逆写像（section），すなわち"準同型写像

$$\sigma : R_k(G)\to R_K(G)$$

であって，$d\circ\sigma=1$ となるもの"を一つ具体的に与えよう．

$s\in G$ の時，s の p'-成分を s' とあらわすものと約束しよう．f を G_{reg} 上の中心的函数とするとき，G 上の中心的函数 f' を，次の式で定義する．

$$f'(s)=f(s')$$

定理 44. i） f が G のモジュラー指標ならば，f' は G の一般指標である．

ii） 写像 $f\longmapsto f'$ は，$R_k(G)$ から $R_K(G)$ への準同型写像を定義し，これは d の一つの代表逆写像である．

f' が G の一般指標であること（すなわち，$R_K(G)$ に属すること）を証明するためには，G の任意の基本部分群 H に対して，f' の H への制限が $R_K(H)$ に属することを証明すれば十分である（n° 11.1，定理 21 参照）．このようにして，G が基本的である場合，従って $G=S\times P$ と分解される場合（ここで S は，位数が p と素であり，P は p-群である）に帰着される．さらに f はある単純 $k[G]$-加群 E のモジュラー指標であると仮定することが出来る．n° 15.7 に於てみたことにより，E は実は単純 $k[S]$-加群であり，従ってこれを単純 $K[S]$-加群にもちあげて，その上に P を自明に作用させることができる．この加群の指標は明

らかに f' である．これにより，確かに f' が指標であることが示される．

ii) の主張は，f' の G_{reg} への制限が f に等しいことに注意すれば，i) より得られる．

練習問題

1) m を，G の元の位数の最小公倍数とする；m を，$p^n m'$，ここで $(p, m')=1$，の形に書く，n° 18.1 参照．そして，$q \equiv 0 \pmod{p^n}$ かつ $q \equiv 1 \pmod{m'}$ なる整数 q を選んでおく．

a) $s \in G$ ならば，s の p'-成分は s^q に等しいことを示せ．

b) f を G のモジュラー指標とし，φ を $R_K(G)$ の元であって，その G_{reg} への制限が f であるもの，とする（定理 34 により，このような元は存在する）．定理 44 の記号のもとに，$f'=\Psi^q\varphi$ が成り立つことを示せ，ここで Ψ^q は，n° 9.1，練習問題 3 で定義した作用素である．これより，f' が $R_K(G)$ に属することの別証明を導け．（$R_K(G)$ が Ψ^q の下で安定であることに注意せよ．）

2) 定理 44 を，K が十分大と仮定しないで証明せよ（上の練習問題の方法を用いよ）．

18.5. 例：対称群 $\mathfrak{S}_4$ のモジュラー指標

群 $\mathfrak{S}_4$ は，4 文字 $\{a, b, c, d\}$ の置換全体のなす群である．その指標表がどんなものであったかを想起しよう（n° 5.8 参照）：

	1	(ab)	$(ab)(cd)$	(abc)	$(abcd)$
χ_1	1	1	1	1	1
χ_2	1	−1	1	1	−1
χ_3	2	0	2	−1	0
χ_4	3	1	−1	0	−1
χ_5	3	−1	−1	0	1

標数 p に於けるこの群の既約モジュラー指標を決定しよう．n° 15.5 により，

pが群の位数を割る場合，すなわち$p=2$又は$p=3$，に限ることが出来る．

a) $p=2$の場合．

二つのp-正則類が存在する：1の類と，(abc)の類である．従って，定理43の系3により，標数2に於て，(同型を除いて)二つの既約表現が存在する．1次の表現は，単位表現のみであり，そのモジュラー指標は，$\varphi_1=1$である．他方，$\mathfrak{S}_4$の2次の既約表現は，還元すると，表現ρ_2となり，そのモジュラー指標φ_2は，元(abc)に対して，値-1をとる．これより，ρ_2は，1次表現二つによる拡大の形(すなわち$\begin{pmatrix} * & * \\ 0 & * \end{pmatrix}$の形)ではないことがわかる．(もしそうならば，$\varphi_2=2$を得るはずである．）従って$\rho_2$は既約である．故に，$\mathfrak{S}_4$の，既約モジュラー指標は，$\varphi_1$及び$\varphi_2$である：

	1	(abc)
φ_1	1	1
φ_2	2	-1

分解行列Dは，指標$\chi_1, \cdots, \chi_5$のG_{reg}への制限を，φ_1及びφ_2の函数として表わすことにより得られる．実際G_{reg}上で次の等式が成立する．

$$\chi_1 = \varphi_1$$
$$\chi_2 = \varphi_1$$
$$\chi_3 = \varphi_2$$
$$\chi_4 = \varphi_1+\varphi_2$$
$$\chi_5 = \varphi_1+\varphi_2.$$

これより：

$$D = \begin{pmatrix} 1 & 1 & 0 & 1 & 1 \\ 0 & 0 & 1 & 1 & 1 \end{pmatrix}$$

φ_1及びφ_2に対応する，直既約な射影的加群の指標Φ_1及びΦ_2は，Dの転置行列を用いて得られる：

$$\Phi_1 = \chi_1+\chi_2+\chi_4+\chi_5$$
$$\Phi_2 = \chi_3+\chi_4+\chi_5.$$

対応する表現は，共に8次である．カルタン行列 $C=D.{}^tD$ は行列 $\begin{pmatrix}4&2\\2&3\end{pmatrix}$ であり，その行列式は，8に等しい．これは，Φ_1 及び Φ_2 の G_{reg} 上での分解をあらわす：

$$\Phi_1 = 4\varphi_1+2\varphi_2, \qquad (G_{\mathrm{reg}} \text{上で})$$

$$\Phi_2 = 2\varphi_1+3\varphi_2, \qquad (\text{同　上})$$

b） $p=3$ の場合．

p-正則類は4個存在する：1，(ab)，$(ab)(cd)$，$(abcd)$．これより標数 $p=3$ に於て4個の既約表現が存在する．さて，指標 χ_1 及び χ_2, χ_4, χ_5 の表現の還元は既約である：最初の二つは，1次だから，このことは明らかであり，他の二つについては，その次数が群の位数を割る3の最大巾であることから，このことが結論される（n° 16.4，命題46参照）．これらのモジュラー指標は異なるから，従ってこれらが群 $\mathfrak{S}_4$ の既約モジュラー指標の全部である．それらを，$\varphi_1, \varphi_2, \varphi_3, \varphi_4$ とあらわせば，次の表が得られる．

	1	(ab)	$(ab)(cd)$	$(abcd)$
φ_1	1	1	1	1
φ_2	1	-1	1	-1
φ_3	3	1	-1	-1
φ_4	3	-1	-1	1

G_{reg} 上で，$\chi_3=\varphi_1+\varphi_2$ がわかる．従って分解行列D及びカルタン行列Cが次のように得られる：

$$D=\begin{pmatrix}1&0&1&0&0\\0&1&1&0&0\\0&0&0&1&0\\0&0&0&0&1\end{pmatrix}, \qquad C=D.{}^tD=\begin{pmatrix}2&1&0&0\\1&2&0&0\\0&0&1&0\\0&0&0&1\end{pmatrix}, \qquad \det(C)=3.$$

直既約な射影的加群の指標 $\Phi_1, \cdots, \Phi_4$ は：

$$\Phi_1 = \chi_1+\chi_3$$

$$\Phi_2 = \chi_2+\chi_3$$

$$\Phi_3 = \chi_4$$

$$\Phi_4 = \chi_5 .$$

(Φ_3 及び Φ_4 のあらわし方が簡単であることに注意せよ，命題 46 参照.)

練 習 問 題

1) $\mathfrak{S}_4$ の場合に，Fong-Swan の定理(各 φ_i がある χ_j の還元となること)をたしかめよ.

2) $\mathfrak{S}_4$ の既約表現は，(体の標数が何であっても)全て素体上実現可能であることを示せ.

3) 群 $\mathfrak{S}_4$ は，位数が 4 でありかつ $\mathfrak{S}_4$/N が $\mathfrak{S}_3$ に同型な正規部分群 N をもつ. N は，標数 2 に於ける $\mathfrak{S}_4$ の任意の既約表現に於て，自明に作用することを示せ；これより，これらの表現の分類を導け.

18.6. 例：交代群 $\mathfrak{A}_5$ のモジュラー指標

交代群 $\mathfrak{A}_5$ は，5 文字 $\{a, b, c, d, e\}$ の偶置換全体のなす群である．これは 60 個の元をもち，次の 5 個の共役類にわけられる：

単位元 1;

$(ab)(cd)$ の共役元 15 個，これらは位数 2;

(abc) の共役元 20 個，これらは位数 3;

$s=(abcde)$ の共役元 12 個，これらは位数 5;

s^2 の共役元 12 個，これらは位数 5.

5 個の既約指標があり，次表で与えられる.

	1	$(ab)(cd)$	(abc)	s	s^2
χ_1	1	1	1	1	1
χ_2	3	-1	0	z	z'
χ_3	3	-1	0	z'	z
χ_4	4	0	1	-1	-1
χ_5	5	1	-1	0	0

$$z = \frac{1+\sqrt{5}}{2}$$

$$z' = \frac{1-\sqrt{5}}{2}$$

対応する表現は次の通りである：

χ_1：単位表現.

χ_2 及び χ_3：3次の二つの表現. 体 $\mathbf{Q}(\sqrt{5})$ 上実現可能であり，互に共役である；$\{\pm 1\}\times\mathfrak{A}_5$ は，グラフが，$\circ\overset{3}{—}\circ\overset{5}{—}\circ$ である《**コクセター群**》であること[訳注]に注意し，この群の幾何的表現をとれば，これらの表現が得られる(Bourbaki，リー群とリー環(東京図書より邦訳あり)，第6章，231頁練習問題11参照).

χ_4：4次の表現，$\mathbf{Q}$ 上実現可能. $\mathfrak{A}_5$ の $\{a, b, c, d, e\}$ 上の置換表現から，単位表現を取り去って得られる；n° 2.3 練習問題2参照.

χ_5：5次の表現，$\mathbf{Q}$ 上実現可能. $\mathfrak{A}_5$ の位数5の部分群6個の集合の上の置換表現から単位表現を取り去って得られる.

$p=2, 3, 5$ に対して，$\mathfrak{A}_5$ の既約モジュラー指標を決定しよう：

a)　<u>$p=2$ の場合</u>.

4個の p-正則類があり，4個の既約モジュラー指標がある. それらのうち2個は明らかである：単位指標及び χ_4 の還元(命題46参照)である. 他方，$\mathrm{G}_{\mathrm{reg}}$ 上で，

$$\chi_2+\chi_3=\chi_1+\chi_5$$

が得られる. これより3次の既約表現の還元は，既約でないことがわかる；このとき各々は，$\mathrm{R}_k(\mathrm{G})$ に於て単位表現と2次の表現の和に分解する. この2次の表現は，必然的に既約となる. これより結局，次表で与えられる既約モジュラー指標 $\varphi_1, \varphi_2, \varphi_3, \varphi_4$ が得られる：

訳注　コクセター群の詳細は上に引用してあるブルバキの本にゆずるが，ここにあるのは，生成元 x, y, z で基本関係 $x^2=y^2=z^2=1$，$(xy)^3=(yz)^5=(xz)^2=1$ をもつ群の意である.

	1	(abc)	s	s^2
φ_1	1	1	1	1
φ_2	2	-1	$z-1$	$z'-1$
φ_3	2	-1	$z'-1$	$z-1$
φ_4	4	1	-1	-1

G_{reg} 上で次式が成立する．

$$\chi_1 = \varphi_1$$

$$\chi_2 = \varphi_1+\varphi_2$$

$$\chi_3 = \varphi_1+\varphi_3$$

$$\chi_4 = \varphi_4$$

$$\chi_5 = \varphi_1+\varphi_2+\varphi_3.$$

これより，行列 D 及び C が得られる：

$$D = \begin{pmatrix} 1 & 1 & 1 & 0 & 1 \\ 0 & 1 & 0 & 0 & 1 \\ 0 & 0 & 1 & 0 & 1 \\ 0 & 0 & 0 & 1 & 0 \end{pmatrix}, \quad C = \begin{pmatrix} 4 & 2 & 2 & 0 \\ 2 & 2 & 1 & 0 \\ 2 & 1 & 2 & 0 \\ 0 & 0 & 0 & 1 \end{pmatrix}, \quad \det(C) = 4.$$

b) $p=3$ の場合．

標数 3 に於て，4 個の既約表現が得られる：それらは次数がそれぞれ，1, 3, 3, 4 の表現の還元である．さらに，G_{reg} 上 $\chi_5=\chi_1+\chi_4$ が得られる．これより：

$$D = \begin{pmatrix} 1 & 0 & 0 & 0 & 1 \\ 0 & 1 & 0 & 0 & 0 \\ 0 & 0 & 1 & 0 & 0 \\ 0 & 0 & 0 & 1 & 1 \end{pmatrix}, \quad C = \begin{pmatrix} 2 & 0 & 0 & 1 \\ 0 & 1 & 0 & 0 \\ 0 & 0 & 1 & 0 \\ 1 & 0 & 0 & 2 \end{pmatrix}, \quad \det(C) = 3.$$

c) $p=5$ の場合．

標数 5 に於て，3 個の既約表現が得られる：それらは，次数がそれぞれ，1, 3, 3, 5 の既約表現の還元である．(2 個の 3 次の表現は，同じ還元をもつことを考慮すればわかる．) さらに，G_{reg} 上 $\chi_4=\chi_1+\chi_3$ が得られる．これより，

$$D=\begin{pmatrix}1&0&0&1&0\\0&1&1&1&0\\0&0&0&0&1\end{pmatrix},\qquad C=\begin{pmatrix}2&1&0\\1&3&0\\0&0&1\end{pmatrix},\qquad \det(C)=5\,.$$

練習問題

1)　b)及びc)の主張をたしかめよ．

2)　$\mathfrak{A}_5$ の標数2に於ける2次の既約表現は，4個の元をもつ体 $\mathbf{F}_4$ 上実現可能であることを証明せよ；これより，$\mathfrak{A}_5$ と群 $\mathbf{SL}_2(\mathbf{F}_4)$ との間の同型写像を導け．

3)　$\mathfrak{A}_5$ は，$\mathbf{SL}_2(\mathbf{F}_5)/\{\pm 1\}$ に同型であることを示せ．この同型写像を用いて，標数5に於ける $\mathfrak{A}_5$ の既約表現の表をあらためて求めよ．

19. アルチンの表現への応用

19.1. アルチン及びスワンの表現

Eをある離散付値に関して完備な体とする．F/Eを，Eの有限次ガロア拡大とし，そのガロア群をGとする．そして，話を簡単にするために，F及びEは同じ剰余体をもつものと仮定する．$s \in G$を，$s \neq 1$なる元とし，πをFの一つの素元として，

$$i_G(s) = v_F(s(\pi) - \pi),$$

とおく，ここでv_Fは，$v_F(\pi)=1$と正規化したFの付値をあらわす．

$$a_G(s) = -i_G(s), \qquad s \neq 1 \text{ の場合}$$
$$a_G(1) = \sum_{s \neq 1} i_G(s)$$

とおく．a_Gが整数値をとるG上の中心的函数であることは，明らかである．さらに：

定理． 函数a_Gは，Gのある(十分大なる体上の)線型表現の指標である．

換言すれば，χをGの指標とするとき，次の数

$$f(\chi) = \langle a_G, \chi \rangle$$

は，正又は0の整数である．

a_Gの形式的な性質([24]，第6章参照)を用いて，容易にGが巡回群の場合に，さらに望むならば，GがEの剰余体の標数の巾を位数とする巡回群の場合にさえも，帰着し得る．こうすれば，いくつかの方法で処理することが出来る：

i) χをGの1次の指標とすると，$f(\chi)$は局所類体論の意味で，χの導手の付

値と一致することが示される．そしてこれは明らかに整数である．この方法は，(アルチンによって最初に扱われた)剰余体が有限体の場合や，剰余体が代数的閉体の場合(局所類体論を《幾何的》に述べ直すやり方により)に適用される；他方，一般の場合は，容易に剰余体が代数的閉体の場合に，帰着される．

ii)　$f(\chi)$ が整数であるという主張は，拡大 F/E の《分岐定数》の合同性に関するいくつかの性質に同値である．これらの性質は，直接的な方法により証明することが出来る，[24]第5章，§7並びに S. Sen, *Ann. of Math.*, 90, 1969, p. 33–46 参照.

さて r_G を G の正則表現の指標とし，$u_G = r_G - 1$ とおく．sw_G を $sw_G = a_G - u_G$ で定義する．このとき，次式が成り立つ．

$$sw_G(s) = 1 - i_G(s), \qquad s \neq 1 \text{ の場合.}$$
$$sw_G(1) = \sum_{s \neq 1} (i_G(s) - 1).$$

χ を G の指標とすると，内積 $\langle sw_G, \chi \rangle$ は，$\geqslant 0$ であることが容易にたしかめられる．上の定理により，これから $\langle sw_G, \chi \rangle$ は任意の χ に対して，正又は0の整数である，いいかえれば sw_G は，G の指標であることが結論される．

指標 a_G 及び sw_G は，それぞれガロア群 G の，**アルチンの指標**及び**スワンの指標**と呼ばれる；対応する表現は，G の**アルチンの表現**及び**スワンの表現**と呼ばれる．これらの表現の具体的な構成法は，知られていない．しかしながら，$g = \mathrm{Card}(G)$ とすると，指標 $g \cdot a_G$ 及び $g \cdot sw_G$ は簡単な方法で定義することが出来る：

G の**分岐群**の列を G_i $(i = 0, 1, \cdots)$ とあらわす；$s \in G_i$ なる必要十分条件は，$i_G(s) \geqslant i+1$ 又は $s = 1$，である．$\mathrm{Card}(G_i) = g_i$ とおく．このとき，すぐに，

$$g \cdot a_G = \sum_{i=0}^{\infty} g_i \, \mathrm{Ind}_{G_i}^{G}(u_{G_i}),$$

及び，

$$g \cdot sw_G = \sum_{i=1}^{\infty} g_i \, \mathrm{Ind}_{G_i}^{G}(u_{G_i}),$$

(ただし $u_{G_i} = r_{G_i} - 1$) が成り立つことがたしかめられる．

特に，$sw_G = 0$ なる必要十分条件は，$G_1 = \{1\}$，すなわち，G の位数が E の剰

余体の標数と素，(いいかえれば，F/E が**従順分岐**(modérément ramifiée；英語では tamely ramified))である．

19.2. アルチン及びスワンの表現の有理性

a_{G} 及び sw_{G} は，$\mathbf{Z}$ に値をもつ指標であるが，対応する表現が $\mathbf{Q}$ 上，さらに $\mathbf{R}$ 上でさえも，実現可能でない例を与えることが出来る([25]，§4 及び §5 参照)．それにもかかわらず，

定理 45. l を E の剰余体の標数とは異なる素数とする．

i) アルチン及びスワンの表現は，l 進数体 $\mathbf{Q}_l$ 上実現可能である．

ii) 射影的 $\mathbf{Z}_l[\mathrm{G}]$–加群 Sw_{G} が存在して，$\mathbf{Q}_l \otimes \mathrm{Sw}_{\mathrm{G}}$ の指標が sw_{G} となる．この加群は，同型を除いてただ一つである．

ii)を証明すれば十分である；i)はこれより得られる，なぜなら a_{G} は，sw_{G} に u_{G}(これはどんな体上でも実現可能である)を付け加えて得られるからである．

そのために，n° 16.3 の命題 44 を適用しよう．ただし，$p=l$，$\mathrm{K}=\mathbf{Q}_l$，$n=g=\mathrm{Card}(\mathrm{G})$ ととり，K' として $\mathbf{Q}_l$ の十分大なる有限次拡大を選ぼう．問題の命題の条件(a)は，たしかめられている，n° 19.1 参照．(b)をためすために，上に与えた公式

$$g\cdot sw_{\mathrm{G}} = \sum_{i\geqslant 1} g_i \cdot \mathrm{Ind}_{\mathrm{G}_i}^{\mathrm{G}}(u_{\mathrm{G}_i})$$

を用いる．分岐の理論より，G_i 達は位数が l と素な群であることが示される．これより，任意の $\mathrm{A}'[\mathrm{G}_i]$–加群は射影的であることが導かれる(n° 15.5 参照)，ここで A' は K' の整数環をあらわす．従って，u_{G_i} を射影的 $\mathrm{A}'[\mathrm{G}_i]$–加群により(もし望むなら，さらに射影的 $\mathbf{Z}_l[\mathrm{G}_i]$–加群によってさえ)実現することが出来る；対応する誘導された $\mathrm{A}'[\mathrm{G}]$–加群は，同様に射影的である．これらの加群の直和(それぞれを g_i 回くりかえして)をつくれば，指標が $g\cdot sw_{\mathrm{G}}$ である射影的 $\mathrm{A}'[\mathrm{G}]$–加群が得られる．従って，命題 44 の全ての条件がためされ，これ

より定理が得られる.

注意. 1) 定理45のi)の部分は,［25］に於て証明されている. 方法はかなり複雑であるが, より強い結果が与えられる: すなわち多元環$\mathbf{Q}_l[G]$は被分解である.

2) i)に, Fong-Swanの定理(定理39)を組み合わせて, ii)を導くことも出来る.

3) lをEの剰余体の標数とすると, アルチン及びスワンの表現が, $\mathbf{Q}_l$上実現可能でない例が存在する. しかしながら, J.-M. Fontaineは, これらの表現は, E_0のヴィット(Witt)ベクトルの体上実現可能であることを示した(［26］参照), ここでE_0は, Eの剰余体の部分体で, 素体上代数的な最大なものをあらわす.

19.3. 一つの不変量

lをEの剰余体の標数と異なる素数とする. $k=\mathbf{Z}/l\mathbf{Z}$とおき, Mを$k[G]$-加群とする. Mの不変量$b(M)$を, 次の式により定義する:

$$b(M) = \langle \overline{Sw_G}, M\rangle_k = \dim.\, \mathrm{Hom}^G(\overline{Sw_G}, M) = \dim.\, \mathrm{Hom}_{\mathbf{Z}_l[G]}(Sw_G, M),$$

ここで$\overline{Sw_G}=Sw_G/l.Sw_G$は, 定理45により定義された$\mathbf{Z}_l[G]$-加群$Sw_G$の, lを法とした還元をあらわす. 内積$\langle\overline{Sw_G}, M\rangle_k$は, $\overline{Sw_G}$が射影的であることから, 意味をもつ, n° 14.5参照.

不変量$b(M)$は, 次の性質をもつ:

i) $0\to M'\to M\to M''\to 0$を$k[G]$-加群の完全系列とすると, $b(M)=b(M')+b(M'')$が成り立つ.

ii) Mのモジュラー指標をφ_Mであらわすと,

$$b(M) = \langle sw_G, \varphi_M\rangle = \frac{1}{g}\sum_{s\in G_{\mathrm{reg}}} sw_G(s^{-1})\varphi_M(s),$$

が成り立つ, n° 18.1, 公式viii)参照.

iii)

$$b(\mathrm{M}) = \sum_{i=1}^{\infty} \frac{g_i}{g} \dim_k(\mathrm{M}/\mathrm{M}^{\mathrm{G}_i}),$$

ここで，$\mathrm{M}^{\mathrm{G}_i}$ は，i 番目の分岐群 G_i により不変な M の元全体よりなる M の部分空間をあらわす．

（これは，公式 $g\cdot sw_{\mathrm{G}} = \sum_{i\geqslant 1} g_i \operatorname{Ind}_{\mathrm{G}_i}^{\mathrm{G}}(u_{\mathrm{G}_i})$ より，$i\geqslant 1$ ならば，$\langle \operatorname{Ind}_{\mathrm{G}_i}^{\mathrm{G}}(u_{\mathrm{G}_i}), \varphi_{\mathrm{M}}\rangle$ が $\dim_k(\mathrm{M}/\mathrm{M}^{\mathrm{G}_i})$ に等しいことに注意して得られる．）

iv) $b(\mathrm{M})=0$ となる必要十分条件は，G_1 が M 上自明に作用すること，すなわち G の M 上の作用が《従順》なことである．（これは，iii) より得られる．）

従って，不変量 $b(\mathrm{M})$ は，加群 M の《**野性的分岐**》の度合いを測るものである．この不変量は，次のような様々な問題にあらわれてくる：代数曲線のコホモロジー，ゼータ函数の局所因子，楕円曲線の導手（[27], [28] 参照）．

付　録

アルチン環

環Aは，次の同値な条件を満たすとき，アルチン環であるといわれる(Bourbaki，代数，第8章，§2参照):

a)　Aの左イデアルの，任意の減少列は停留する[訳注].

b)　左A-加群Aは，長さ有限である.

c)　任意の有限型の左A-加群は，長さ有限である.

Aがアルチン環であれば，Aの根基$\mathfrak{r}$は巾零であり，環$S=A/\mathfrak{r}$は半単純である．Sを単純環の積(直和)$S=\prod S_i$に分解することができる；各S_iは，ある(一般に非可換な)体D_i上の全行列環$\mathbf{M}_{n_i}(D_i)$に同型であり，(同型を除いて)唯一の単純加群E_iをもち，これは，n_i次元のD_i-ベクトル空間である．任意の半単純A-加群は，$\mathfrak{r}$により0となり，従ってあるS-加群に対応する；もしこれが単純ならば，E_iの一つに同型である.

例: 体k上の，任意の有限次元多元環は，アルチン環である；これは主として，有限群Gの群多元環$k[G]$に適用される.

グロタンディック群

Aを環とし，$\mathcal{F}$を左A-加群よりなる一つのカテゴリーとする．次のような生成系と関係(基本関係)により定義される可換群を，$\mathcal{F}$のグロタンディック群

訳注　各左イデアル列$L_1 \supset L_2 \supset \cdots$に対し，或る番号$n$が存在して$L_n=L_{n+1}=\cdots$となる意.

と呼び，$K(\mathscr{F})$ と書く:

生成系—任意の $E\in\mathscr{F}$ に対し，生成元[E]を対応させる.

関係—任意の完全系列

$$0\to E'\to E\to E''\to 0,\quad \text{ここで}\quad E, E', E''\in\mathscr{F},$$

に対し，関係

$$[E]=[E']+[E'']$$

を対応させる[訳注].

Hを可換群とするとき，準同型写像 $f{:}K(\mathscr{F})\to H$ は，$\varphi{:}\mathscr{F}\to H$ なる《加法的》な写像，すなわち，任意の完全系列 $0\to E'\to E\to E''\to 0$ に対し，$\varphi(E)=\varphi(E')+\varphi(E'')$ となるような写像 $\varphi{:}\mathscr{F}\to H$ と互に一対一に対応する.

もっともよくでてくる二つの例は，$\mathscr{F}$ として有限型の(すなわち有限生成な) A-加群全部をとる場合，又は，有限型の射影的A-加群全部をとる場合である.

射影的加群

Aを環とし，Pを左A-加群とする．Pが次の同値な条件を満たすとき，射影的であるという(Bourbaki，代数，第2章，§2参照):

a)　Pはある自由A-加群の直和因子である.

b)　任意の，左A-加群の間の上への準同型写像 $f{:}E\to E'$ 及び任意の準同型写像 $g'{:}P\to E'$ に対して，$g'=f\circ g$ となる準同型写像 $g{:}P\to E$ が存在する.

c)　函手 $E\longmapsto \mathrm{Hom}_A(P,E)$ は完全である.

Aの左イデアル $\mathfrak{a}$ が，Aの左A-加群としての直和因子であるための必要十分条件は，$e^2=e$ なる $e\in A$ が存在して，$\mathfrak{a}=Ae$ となることである；このようなイデアルは，射影的A-加群である.

離散付値

Kを体とし，K^* をKの零でない元全体のなす乗法群とする．Kの離散付値

訳注　このとき任意の完全系列 $0\to E_1\to E_2\to\cdots\to E_n\to 0$ に対して，等式 $[E_1]+[E_3]+[E_5]+\cdots=[E_2]+[E_4]+[E_6]+\cdots$ が成り立つ.

とは(例えば[24]参照), **上への**準同型写像 $v\colon \mathrm{K}^* \to \mathbf{Z}$ であって, $x, y \in \mathrm{K}^*$ に対し,

$$v(x+y) \geqslant \mathrm{Inf}(v(x), v(y))$$

なるものをいう. $v(0) = +\infty$ とおいて, v を K に拡張する.

$v(x) \geqslant 0$ なる元 $x \in \mathrm{K}$ 全体の集合 A は, K の部分環であり, v の**付値環**と呼ばれる. これは, 唯一の極大イデアルをもつ. それは $v(x) \geqslant 1$ なる $x \in \mathrm{K}$ 全体の集合 $\mathfrak{m}$ である. 体 $k = \mathrm{A}/\mathfrak{m}$ は, A の(又は v の)剰余体と呼ばれる.

K が $\mathfrak{m}$ の巾によって定義される位相に関して, 完備であるための必要十分条件は, A から $\mathrm{A}/\mathfrak{m}^n$ の射影的極限の中への標準写像が, 同型写像であることである.

文献表(第III部)

モジュラー表現については, Curtis-Reiner [9], 並びに次をみよ:

[17] R. Brauer. Über die Darstellung von Gruppen in Galoisschen Feldern. Act. Sci. Ind. 195 (1935), Hermann, Paris.

[18] R. Brauer. Zur Darstellungstheorie der Gruppen endlicher Ordnung. Math. Zeit., 63 (1956), p. 406–444.

[19] W. Feit. Representations of finite groups I. 謄写ノート, Yale Univ., 1969.

グロタンディック群及びその有限群の表現への応用については, 次をみよ:

[20] R. Swan. Induced representations and projective modules. Ann. of Math., 71 (1960), 552–578.

[21] R. Swan. The Grothendieck group of a finite group. Topology 2 (1963), p. 85–110.

射影的包絡については次をみよ:

[22] M. Demazure 及び P. Gabriel. Groupes algébriques, tome I, chap. V, § 2, n° 4, Masson 及び North-Holland, 1970.

[23] I. Giorgiutti. Groupes de Grothendieck. Ann. Fac. Sci. Univ. Toulouse 26 (1962), p. 151–207.

局所体並びに, アルチン及びスワンの表現については次をみよ:

[24] J.-P. Serre. Corps Locaux. Act. Sci. Ind., 1296 (1962), Hermann, Paris.

[25] J.-P. Serre. Sur la rationalité des représentations d'Artin. Ann. of Math., 72 (1960), p. 406–420.

[26] J.-M. Fontaine. Groupes de ramification et représentations d'Artin. Ann. Sci. E. N. S., 4 (1971), p. 337–392.

スワンの表現から導かれる不変量は, 次で用いられている:

[27] M. Raynaud. Caractéristique d'Euler–Poincaré d'un faisceau et cohomologie des variétés abéliennes. Séminaire Bourbaki, exposé 286, 1964/65, W. A. Benjamin Publ., New York, 1966.

[28] A. P. Ogg. Elliptic curves and wild ramification. Amer. J. of Math., 89 (1967), p. 1–21.

訳者あとがき

本訳書の原著者 Jean-Pierre Serre(ジャン-ピエール・セール)教授は 1926 年の生れで，現在コレージュ・ド・フランスの教授である．フランス数学界の誇りとする天才であって，1954 年の Fields 賞を，わが小平邦彦教授と共に受賞している．1955 年夏，東京-日光で開催された整数論の国際会議に出席のため訪日されたほか，1968 年秋にも短期間来日された．

Fields 賞受賞の対象となったのは，位相幾何学，特にホモトピー理論に関する業績であった．セールの学位論文は，‘ファイバー空間の特異ホモロジー’と題する有名なものであるが，その理論の応用の一例として与えられた高次元球面のホモトピー群に関する種々の新事実は，この分野に驚くべき躍進をもたらしている．その後も，受賞の原因となった幾多の輝かしい位相幾何学的成果を挙げた後，1954 年頃からは代数幾何学，整数論，Lie 群論などに転身して，ここでも再び目覚ましいとしかいいようのない多くの成果を挙げている．今でも想起されるのは，1955 年にアナルズ・オブ・マセマティックスに発表された“Faisceaux algébriques cohérents”で，発表当時，わが国でも多くの大学でこの論文の輪講会が持たれたと聞いている．

セールは研究者として名高いのみならず，名講義者としても有名である．Éléments de mathématique(数学原論)の刊行という大計画の実施で知られている数学者集団ブルバキが，毎年パリで開催している Séminaire Bourbaki(第一線の新しい研究を紹介する講演会)の主要なオルガナイザーとして活躍されているが，セール自身による明快な講演が，殆んど各集会に見られるといってよい程である．材料の撰び方の入念さ，それの把握の仕方の明快さ(セールの講演からつねに感じられるのは消化の完全さということである)には，一種の芸術的な香気がある．一時間講演のみならず，まとまった理論を何ケ月にもわたって述べる長編の講義でも，その明快さは益々冴え渡り，すでに多くの特色ある講義録が世に出ている．例えばHarvard大学に於けるLie群・Lie環論の講義，ガロア・コホモロジー理論講義(於コレージュ・ド・フランス)，局所体の理論の講義(於コレージュ・ド・フランス)，複素半単純Lie環論の講義(於アルジェ)などなど，枚挙のいとまもない程である．

エルマン書店から岩波書店に，パリ大学やコレージュ・ド・フランスなどにおける講義録のシリーズが刊行されているが，その中の一巻たるセールの“有限群の表現論”の訳書を出す気はないか——という問合せがあって，岩波書店の荒井氏がわれわれのところに相談にこられた時，セールの講義の日本語訳が一つもないことをかねて残念に思っていたところであったのと，定評ある彼の講義を訳して出版することに間違いのある筈はないという信念とから，それは非常に結構なことだと思うという返事をした次第であった．ついでに，セールの講義に細かく目を通すことの出来る好機会だと思って，翻訳自体もひきうけさせて頂くことにした．

本書は著者の序文にもあるように，1966年にエコール・ノルマルの2年生に対してなされた講義(本書第II部)を完備化して，更にその前後に，初心者(特に結晶理論に関連のある化学者)のための基本的諸概念と諸性質を解説した第I部と，有限群のモジュラー表現の基本的諸定理をグロタンディック群の言葉で述べるスワンの方法で解説した第III部とを配してある．

第I部(60頁)は表現の定義，既約表現への分解，群指標，誘導表現の説明(初心者向きの“現実的”な方法で述べてある)および，巡回群，正二面体群，4次の交代群と対称群の場合の計算法の実例である．更に，これに主要結果のコンパクト位相群への拡張が付記されている．練習問題も初等的なものばかりで，群の定義と線型代数の極く初歩さえ知っていれば，誰にでも読めるようになっている．

第II部(65頁)は，群環，誘導表現のいわば本格的な諸性質と，どんな既約指標も巡回部分群からの誘導指標の有理係数の一次結合として書けるという

Artinの定理と，またどんな既約指標も基本部分群からの誘導指標の整係数の一次結合として書けるという，いわゆるBrauerの基本定理とその重要な系(群指標の特徴づけ)が述べられ，さらに必ずしも代数的閉体でない標数0の体K上の表現論(例えばK上の既約表現の個数の求め方など)が述べられ，最後にK＝**Q**(有理数体)とK＝**R**(実数体)の場合が例として詳しく述べられている．例えば実既約表現の判定に関するFrobenius-Schurの有名な定理もここで述べられている．初・中・上級の練習問題が入念に配してあって，本文の内容を一層完全なものにしている．

第Ⅲ部(43頁)は極めて特色ある部分で，モジュラー表現でおなじみの定理，例えばカルタン行列が分解行列とその転置行列との積になるなどが，グロタンディック群を用いるスワン(Swan)の方法により，内在的理由が納得の行くように解説してある．詳細は本文に譲らざるを得ないが，例えば上記の定理は，本文§15にあるダイヤグラム

$$\begin{array}{ccc} P_k(G) & \xrightarrow{c} & R_k(G) \\ & {}_e\searrow \quad \nearrow_d & \\ & R_K(G) & \end{array}$$

の可換性に他ならぬ——という形で理論が展開されるのである．練習問題の入念さは第Ⅱ部と同様である．惜しいのは，この手法によるブロックの理論の解説がないことであるが，それは今後に試みられるべき興味ある話題であろう．

ともあれ，上述のような頁数に比較して，極めて豊富な内容が盛られていることは確かである．どうしてそれが可能になったかは，訳しながら最も関心のあることの一つであった．そしてそのあげくに判ったことは，結局巧みな“省略”がなされていることであった．推論中の，殆んど機械的・自動的にできること(例えばある加群が射影的であることの検証など)は，たとえそれが少々手間がかかっても，読者がそれを実行すべきである——という立場で，第Ⅱ・Ⅲ部が一貫されている．これらの省略点を一々詳しく証明させながら，東大数学科の修士課程1年生に読ませたところ，第Ⅲ部の43頁に一学期間かかってし

まった．しかし第 III 部の内容・程度を考慮すればこれは当然で，本書が自然に熟読せざるを得ぬように書かれているともいえよう．

翻訳はなるべく原書に忠実であるように試みた．ただし原書中の小文字の部分を，あえて本文と区別せずに同じ活字で訳出してある．これは訳者としては越権の行為かも知れないが，印刷上の煩を避け得ることと，またこうしても実害は起らぬことを信じたからである．明らかなミスプリントは訂正して訳出してあるが，さらに本文§13.1. の練習問題のところには原書に正誤表が付けてあったので，それに応じて訂正した形で訳出した．また定理 24 以降は，原書では定理 23 が二度登場するために，定理の番号がすべて一つずつ狂っている．これを訂正してあるので，訳書と原書で定理番号にずれがある．

原書の香気を訳出したいと念じながら，遂にそれをなし得なかったのは残念であるが，読者の御叱正を仰いでこの訳書をより良いものにしたいと念じている．終りに本訳書のことで種々御世話になった岩波書店の荒井秀男氏に感謝する．

昭和 48 年 10 月

東京にて

訳　　者

記 号 索 引

$V, \mathbf{GL}(V)$:　1.1

$\rho, \rho_s = \rho(s)$:　1.1

$\mathbf{C}^* = \mathbf{C} - \{0\}$:　1.2

$V = W \oplus W'$:　1.3

$g = G$ の位数:　1.3, 2.2

$V_1 \otimes V_2, \rho_1 \otimes \rho_2, \mathbf{Sym}^2(V), \mathbf{Alt}^2(V)$:　1.5

$\mathrm{Tr}(a) = \sum a_{ii}, \chi_\rho(s) = \mathrm{Tr}(\rho_s)$:　2.1

$z^* = \bar{z} = x - iy$:　2.1

$\chi_\sigma{}^2, \chi_\alpha{}^2$:　2.1

$\delta_{i,j}$($i = j$ の時, $=1$, そうでないとき, $=0$):　2.2

$\langle \varphi, \psi \rangle = \frac{1}{g} \sum_{t \in G} \varphi(t^{-1}) \psi(t)$:　2.2

$\check{\psi}(t) = \varphi(t^{-1})^*$:　2.3

$(\varphi|\psi) = \langle \varphi, \check{\psi} \rangle = \frac{1}{g} \sum_{t \in G} \varphi(t) \psi(t)^*$:　2.3

$\chi_1, \cdots, \chi_h$; $n_1, \cdots, n_h$; $W_1, \cdots, W_h$:　2.4

$C_1, \cdots, C_k$; c_s:　2.5

$V = V_1 \oplus \cdots \oplus V_h$(標準分解):　2.6

p_i(V_i 上への標準射影子):　2.6

$p_{\alpha\beta}$:　2.7

$G = G_1 \times G_2$:　3.2

$\rho, \theta, \chi_\rho, \chi_\theta$:　3.3

$G/H, sH, R$:　3.3

$\int_G f(t) dt$:　4.2

$(\varphi|\psi) = \int_G \varphi(t) \psi(t)^* dt$:　4.2

C_n:　5.1

C_∞:　5.2

D_n, C_{nv}:　5.3

$I = \{1, \iota\}$; $D_{nh} = D_n \times I$:　5.4

χ_g, χ_u:　5.4

D_∞:　5.5

$D_{\infty h} = D_\infty \times I$:　5.6

$\mathfrak{A}_4 = H.K$:　5.7

$\mathfrak{S}_4 = H.L$:　5.8

$G = \mathfrak{S}_3. M = \mathfrak{S}_4 \times I$:　5.9

$K[G]$:　6.1

$\mathrm{Cent}.\ \mathbf{C}[G], \omega_i$:　6.3

$\mathrm{Ind}_H^G(W), \mathrm{Ind}\ W$:　7.1

$f' = \mathrm{Ind} f = \mathrm{Ind}_H^G f$:　7.2

$\mathrm{Res}\ \varphi, \mathrm{Res}\ V$:　7.2

Card(H):集合 H 中の元の個数:　7.2

$K \backslash G/H, W_s, \rho^s$:　7.3

$\theta_{i,\rho}$:　8.2

$R^+(G), R(G), F_C(G)$:　9.1

$\mathrm{Res}_H^G, \mathrm{Res}, \mathrm{Ind}_H^G, \mathrm{Ind}$:　9.1

$\Psi^k(f), \chi_\sigma{}^k, \chi_\lambda{}^k, \sigma_T(\chi), \lambda_T(\chi)$:　9.1, 練習問題 3

θ_A:　9.4

$x = x_r . x_u, H = C.P$:　10.1

事項索引(和文→仏文)

ア 行

アーベル群[groupe abélien]:　3.1
あらわれる回数(一つの表現が他の表現に)[nombre de fois que W intervient dans V]:　2.3
アルチン環[anneau artinien]:　付録
アルチンの指標[caractère d'Artin]:　19.1
アルチンの定理[théorème d'Artin]:　9.2, 12.5, 17.2
アルチンの表現[représentation d'Artin]:　19.1
安定(群の作用で)[stable pour les opérations]:　1.3

位相群[groupe topologique]:　4.1
移入的加群[module injectif]:　14.1, 練習問題

カ 行

可移[transitif]:　2.3, 練習問題1
回転(平面の)[rotation du plan]:　5.2
可解群[groupe résoluble]:　8.3
可換群[groupe commutatif]:　3.1
核が可換な拡大[extension à noyau commutatif]:　8.3
加法的函数[fonction additive]:　14.1
カルタン(準同型写像, 行列)[homomorphism de Cartan, matrice de Cartan]:　15.1
還元(𝔪を法とした)[réduction modulo 𝔪]:　14.4, 15.2
Γ_K-基本(部分群), Γ_K-p-基本(部分群)[sous-groupe Γ_K-élémentaire, sous-groupe Γ_K-p-élémentaire]:　12.6
Γ_K-共役な(元)[éléments Γ_K-conjugués]:　12.4
Γ_K-共役類[Γ_K-classe]　12.6

軌道[orbite]:　2.3, 練習問題1
基本(部分群)[sous-groupe élémentaire]:　10.5
既約指標[caractère irréductible]:　2.3
既約性の判定条件(指標を用いた)[critère d'irréductibilité]:　2.3
既約表現[représentation irréductible]:　1.4
既約モジュラー指標[caractère modulaire irréductible]:　18.2
共通部分がない(表現)[représentations disjointes]:　7.4
行列の形(表現)[forme matricielle d'une représentation]:　1.1
共役な(元)[éléments conjugués]:　2.5
共役類[classe de conjugaison]:　2.5

偶置換[permutation paire]: 5.7
偶類[classe paire]: 13.2, 練習問題 1
グロタンディック群[groupe de Grothendieck]: 付録
クロネッカー積[produit kroneckérien]: 1.5

格子(K-ベクトル空間の)[réseau d'un K-espace vectoriel] 15.2
コクセター群[groupe de Coxeter]: 18.6
コルチンの定理[théorème de Kolchin]: 18.2, 練習問題 1
根基[radical]: 12.7, 14.3
コンパクト群[groupe compact]: 4.1

サ 行

作用する(群が集合に)[un groupe opère sur un ensemble]: 1.2

四元数群[groupe quaternionien]: 8.5, 練習問題 2
指数(部分群の)[indice d'un sous-groupe]: 3.1, 3.3
次数(表現の)[degré d'une représentation]: 1.1
実現可能(K 上…な表現)[représentation réalisable sur K]: 12.1
実直交群[groupe orthogonal réel]: 13.2
指標(表現の)[caractère d'une représentation]: 2.1
指標表[table des caractères]: 2.5
射[morphisme]: 14.3
射影子[projecteur]: 1.3
射影的(加群)[module projectif]: 付録
射影的包絡(加群の)[enveloppe projective d'un module]: 14.3
シューアの指数[indice de Schur]: 12.2
シューアの補題[lemme de Schur]: 2.2
従順分岐[modérément ramifiée]: 19.1
十分大(体が)[corps assez gros]: 14, 記号
乗法的な代表系[représentants multiplicatifs]: 17.3
剰余標数[caractéristique résiduelle]. 11.4
ジョルダン-ヘルダー列から生ずる商加群系[quotients de Jordan-Hölder]: 15.2
シローの定理[théorème de Sylow]: 8.4

随伴写像[application adjointe]: 7.2
スペクトル(可換環の)[spectre d'un anneau commutatif]: 11.4
スワンの指標[caractère de Swan]: 19.1
スワンの表現[représentation de Swan]: 19.1

ゼータ函数[fonction zêta]: 9.4
整(**Z** 上の…元)[élément entier sur **Z**]: 6.4
正規直交系[système orthonormal]: 2.3
制限(表現の)[réstriction d'une représentation]: 7.2, 9.1, 17.1

整四元数[quaternion entier]: 8.4, 練習問題 2
正則表現[représentation régulière]: 1.2
絶対既約表現[représentation absolument irréductible]: 12.1
線型表現[représentation linéaire]: 1.1

相似写像[homothétie]: 2.2
双対(可換群の)[dual d'un groupe commutatif]: 3.1, 練習問題 3
双対空間[dual d'un espace vectoriel]: 2.1, 練習問題 3

タ 行

対応する(p'-元に…p-基本部分群)[sous-groupe p-élémentaire associé à un p'-élément]: 10.1
対角部分群[sous-groupe diagonal]: 3.2
対称写像[symétrie]: 5.3
対称積と交代積(表現の)[carré symétrique et carré alterné d'une représentation]: 1.5
代数的整数[entier algébrique]: 6.4
代数的閉体[corps algébriquement clos]: 12
代表逆写像[section]: 18.4
代表系(共役類の)[système de représentants]: 3.3
多元環(有限群の)[algèbre d'un groupe fini]: 6.1
単位表現[représentation unité]: 1.2
単項表現[représentation monomiale]: 7.1
単純表現[représentation simple]: 1.4

《小さな群》の方法[méthode des《petits groupes》]: 8.2
置換表現[représentation de permutation] 1.2
忠実(な表現)[représentation fidèle]: 3.1, 練習問題 2
中心(群の)[centre d'un groupe]: 3.1, 練習問題 2
中心(群多元環の)[centre de l'algèbre d'un groupe]: 6.3
中心拡大[extension centrale]: 8.3
中心的(函数)[fonction centrale]: 2.1, 2.5
超可解群[groupe hyper-résoluble]: 8.3
直既約(な加群)[module indécomposable]: 14.3
直交関係(指標の)[relations d'orthogonalité des caractères]: 2.3
直交関係(成分の)[relations d'orthogonalité des coefficients]: 2.2
直積(二つの群の)[produit direct de deux groupes]: 3.2
直和(二つの表現の)[somme directe de deux représentations]: 1.3

テンソル積(二つの表現の)[produit tensoriel de deux représentations]: 1.5, 3.2

等型な(加群, 表現)[module isotypique, représentation isotypique]: 8.1
同型(な表現)[représentation isomorphe]: 1.1
同値(な表現)[représentation semblable]: 1.1

特別表現[représentation spéciale]: 16.4
トレース(線型変換の)[trace d'un endomorphisme]: 2.1

ナ 行

内積[produit scalaire]: 1.3
内積(二つの函数の)[produit scalaire de deux fonctions]: 2.3

二重可移[doublement transitif]: 2.3, 練習問題 1
二面体群[groupe diédral]: 5.3

ネター環[anneau noethérien]: 6.4

ハ 行

ハール測度[mesure de Haar]: 4.2
バーンサイドの定理[théorème de Burnside]: 8.4, 練習問題 4
反傾表現[représentation contragrédiente]: 2.1, 練習問題 3
半直積(二つの群の)[produit semi-direct de deux groupes] 8.2

p-可解群(高さ h の)[groupe p-résoluble de hauteur h]: 16.3, 17.6
p-基本(部分群)[sous-groupe p-élémentaire]: 10.1
p-群[p-groupe]: 8.3
p-元, p'-元[p-élément, p'-élément]: 10.1
p-シロー部分群[p-sous-groupe de Sylow]: 8.4
p-正則元[élément p-régulier]: 10.1
p-正則な共役類[classe de conjugaison p-régulière]: 11.4
p-成分と p'-成分(元の)[p-composante et p'-composante d'un élément]: 10.1
p-特異元[élément p-singulier]: 16.2
p-巾単元[élément p-unipotent]: 10.1
ヒグマンの定理[théorème de Higman]: 6.2, 練習問題 3
非退化(**Z** 上…な二次形式)[forme bilinéaire non dégénérée sur **Z**]: 14.5
左剰余類(部分群を法とする)[classe à gauche modulo un sous-groupe]: 3.3
被分解な(多元環)[algèbre décomposée]: 12.2
被約トレース[trace réduite]: 12.2
表現[représentation]: 1.1, 6.1
表現空間[espace de représentation]: 1.1
標準分解(表現の)[décomposition canonique d'une représentation]: 2.6
ビルディング(ティツの)[immeuble de Tits]: 16.4
ヒルベルト空間[espace de Hilbert]: 4.3

フーリエの反転公式[formule d'inversion de Fourier]: 6.2
フォン-スワンの定理[théorème de Fong-Swan]: 16.3, 17.6
複素直交群[groupe orthogonal complexe]: 13.2
含まれる回数(一つの表現が他の表現に)[nombre de fois que W est contenu dans V]:

2. 3
付値環[anneau de valuation]:　付録
部分表現[sous-représentation]:　1. 3
不変(群の作用で)[invariant pour les opérations]:　1. 3
不変測度[mesure invariante]:　4. 2
ブラウアーの定理(表現の実現可能な体に関する)[théorème de Brauer sur le corps de réalisabilité d'une représentation]:　12. 3
ブラウアーの定理(誘導指標に関する)[théorème de Brauer sur les caractères induits]:　10. 1, 12. 6, 17. 2
ブラウアーの定理(モジュラー指標に関する)[théorème de Brauer sur les caractères modulaires]:　18. 2
プランシェレルの公式[formule de Plancherel]:　6. 2, 練習問題 1
ブロックの理論[théorie des blocs]:　16. 4
フロベニウス-シューアの定理[théorème de Frobenius-Schur]:　13. 2
フロベニウスの相互律の公式[formule de réciprocité de Frobenius]:　7. 2
フロベニウスの定理[théorème de Frobenius]:　11. 2
フロベニウス部分群[sous-groupe de Frobenius]:　7. 2, 練習問題 3
分解(準同型, 行列)[homomorphisme de décomposition, matrice de décomposition]:　15. 3
分解型の埋め込み写像[injection directe]:　11. 1
分割[partition]:　3. 3
分岐群[groupe de ramification]:　19. 1

巾零群[groupe nilpotent]:　8. 3

補空間(ベクトル部分空間の)[supplémentaire d'un sous-espace vectoriel]:　1. 3
本質的(な射)[morphisme essentiel]:　14. 3

マ 行

マッキーの既約性判定条件[critère d'irréductibilité de Mackey]:　7. 4

みかけの指標[caractère virtuel]:　9. 1

モジュラー指標[caractère modulaire]:　18. 1

ヤ 行

野性的分岐[ramification sauvage]:　19. 2

有限型(の加群)[module de type fini]:　II
誘導表現[représentation induite]:　3. 3, 7. 1, 17. 1
誘導された函数[fonction induite]:　7. 2
有理的(K 上…な表現)[représentation rationnelle sur K]:　12. 1
ユニタリ行列[matrice unitaire]:　1. 3

ラ 行

事項索引(仏文→和文)

A

absolument irréductible(représentation...)[絶対既約表現]:　12.1
algèbre(d'un groupe fini)[群多元環]:　6.1
Artin(représentation d'...)[アルチンの表現(代数体の有限次ガロア拡大に於けるガロア群の)]:　19.1
Artin(théorème d'...)[アルチンの定理]:　9.2, 12.5, 17.2
artinien(anneau...)[アルチン環]:　付録
assez gros(corps...)[十分大な体(有限群の表現に関して)]:　14, 記号
associé(sous-groupe p-élémentaire ... à un p'-élément)[p'-元に対応するp-基本部分群]:　10.1

B

Brauer(théorème de ... sur le corps de réalisabilité d'une représentation)[表現の実現可能な体に関するブラウアーの定理]:　12.3
Brauer(théorème de ... sur les caractères induits)[誘導指標に関するブラウアーの定理]:　10.1, 12.6, 17.2
Brauer(théorème de ... sur les caractères modulaires)[モジュラー指標に関するブラウアーの定理]:　18.2

C

caractère(d'une représentation)[表現の指標]:　2.1
caractère modulaire[モジュラー指標]:　18.1
carré symétrique et carré alterné(d'une représentation)[表現の対称積と交代積]:　1.5
centrale(fonction ...)[中心的函数(類函数)]:　2.1, 2.5
centre(de l'algèbre d'un groupe)[群多元環の中心]:　6.3
classe à gauche(modulo un sous-groupe)[部分群を法とする左剰余類]:　3.3
classe de conjugaison[共役類]:　2.5
Γ_K-classe[Γ_K-共役類]:　12.6
compact(groupe ...)[コンパクト群]:　4.1
conjugués(éléments ...)[共役な元]:　2.5
Γ_K-conjugués(éléments ...)[Γ_K-共役な元]:　12.4

D

décomposée(algèbre ...)[被分解な多元環]:　12.2
décomposition canonique(d'une représentation)[表現の標準分解(等型な表現の直和への)]:　2.6
décomposition(homomorphisme, matrice de ...)[分解準同型, 分解行列]:　15.3

degré (d'une représentation)[表現の次数]: 1.1
diédral (groupe ...)[二面体群]: 5.3
directe (injection ...)[分解型の埋め込み写像]: 11.1
doubles classes[両側剰余類]: 7.3

E

élémentaire[基本的(群の構造上の一性質)](初等的ともいう): 10.5
élémentaire (sous-groupe ...)[基本部分群]: 10.5
Γ_K-élémentaire, Γ_K-p-élémentaire[Γ_K-基本的, Γ_K-p-基本的(群の構造上の一性質)]
(Γ_K-初等的, Γ_K-p-初等的ともいう): 12.6
Γ_K-élémentaire, Γ_K-p-élémentaire (sous-groupe ...)[Γ_K-基本部分群, Γ_K-p-基本部分群]: 12.6
entier (élément ... sur **Z**)[**Z** 上の整元]: 6.4
enveloppe projective (d'un module)[加群の射影的包絡]: 14.3
espace de représentation[表現空間]: 1.1

F

Fong–Swan (théorème de ...)[フォン-スワンの定理]: 16.3, 17.6
forme matricielle (d'une représentation)[表現の行列の形]: 1.1
Fourier (formule d'inversion de ...)[フーリエの反転公式]: 6.2
Frobenius (formule de réciprocité de ...)[フロベニウスの相互律の公式]: 7.2
Frobenius (sous-groupe de ...)[フロベニウス部分群]: 7.2, 練習問題 3
Frobenius (théorème de...)[フロベニウスの定理] 11.2

G

Grothendieck (groupe de ...)[グロタンディック群]: 付録

H

Haar (mesure de ...)[ハール測度]: 4.2
Higman (théorème de ...)[ヒグマンの定理]: 6.2, 練習問題 3
hyper-résoluble (groupe ...)[超可解群]: 8.3

I

indice (d'un sous-groupe)[部分群の指数]: 3.1, 3.3
induite (fonction ...)[誘導された函数]: 7.2
induite (représentation ...)[誘導表現]: 3.3, 7.1, 17.1
irréductible (caractère ...)[既約指標] 2.3
irréductible (caractère modulaire ...)[既約モジュラー指標]: 18.2
irréductible (représentation ...)[既約表現]: 1.4
isotypique (module ..., représentation ...)[等型な加群, 等型な表現]: 8.1

K

kronekérien (produit ...)[クロネッカー積]: 1.5

M

Mackey(critère d'irréductibilité de ...)[マッキーの既約性判定条件]:　7.4
monomiale(représentation ...)[単項表現]:　7.1

N

nilpotent(groupe ...)[巾零群]:　8.3
non dégénérée sur **Z**(forme bilinéaire...)[**Z** 上非退化な二次形式]:　14.5

P

p–composante et p'–composante(d'un élément)[群の元の p-成分と p'-成分]:　10.1
p–élément, p'–élément[p–元, p'–元]:　10.1
p–élémentaire[p–基本的(群の構造上の一性質)](p–初等的ともいう):　10.1
p–élémentaire(sous-groupe ...)[p–基本部分群]:　10.1
p–groupe[p–群]:　8.3
Plancherel(formule de ...)[プランシェレルの公式]:　6.2, 練習問題 1
p–régulier(élément ...)[p–正則元]:　10.1
p–régulière(classe de conjugaison ...)[p–正則な共役類]:　11.4
p–résoluble(groupe ...)[p–可解群]:　16.3
produit direct(de deux groupes)[二つの群の直積]:　3.2
produit scalaire[内積]:　1.3
produit scalaire(de deux fonctions)[二つの函数の内積]:　2.3
produit semi-direct(de deux groupes)[二つの群の半直積]:　8.2
produit tensoriel(de deux représentations)[二つの表現のテンソル積]:　1.5, 3.2
projecteur[射影子]:　1.3
projectif(module ...)[射影的加群]:　付録
p–singulier(élément ...)[p–特異元]:　16.2
p–sous-groupe de Sylow[p–シロー部分群]:　8.4
p–unipotent(élément ...)[p–巾単元]:　10.1

Q

quaternionien(groupe ...)[四元数群]:　8.5, 練習問題 2

R

rationnelle(représentation ... sur K)[K上有理的な表現]:　12.1
réalisable(représentation ... sur K)[K上実現可能な表現]:　12.1
réduction(modulo $\mathfrak{m}$)[$\mathfrak{m}$ を法とした還元]:　14.4, 15.2
relations d'orthogonalité(des caractères)[指標の直交関係]:　2.3
relations d'orthogonalité(des coefficients)[表現の行列成分の直交関係]:　2.2
représentation[表現]:　1.1, 6.1
représentation de permutation[置換表現]:　1.2
représentation régulière[正則表現]:　1.2
représentation unité[単位表現]:　1.2

réseau(d'un K–espace vectoriel)[K–ベクトル空間の格子]: 15.2
résoluble(groupe ...)[可解群]: 8.3
restriction(d'une représentation)[表現の制限]: 7.2, 9.1, 17.1

S

Schur(indice de ...)[シューアの指数]: 12.2
Schur(lemme de ...)[シューアの補題]: 2.2
simple(représentation ...)[単純表現]: 1.4
somme directe(de deux représentations)[二つの表現の直和]: 1.3
sous-représentation[部分表現]: 1.3
spectre(d'un anneau commutatif)[可換環のスペクトル]: 11.4
supplémentaire(d'un sous-espace vectoriel)[ベクトル部分空間の補空間]: 1.3
Swan(représentation de ...)[スワンの表現]: 19.1
Sylow(théorème de ...)[シローの定理]: 8.4

T

trace(d'un endomorphisme)[線型変換のトレース]: 2.1

V

valuation discrète(d'un corps)[体の離散付値]: 付録
virtuel(caractère ...)[一般指標, 見掛けの指標]: 9.1

■岩波オンデマンドブックス■

J.-P. セール
有限群の線型表現

1974 年 3 月 4 日　第 1 刷発行
2010 年 6 月24日　第 4 刷発行
2019 年 6 月11日　オンデマンド版発行

訳　者　岩堀長慶（いわほりながよし）　横沼健雄（よこぬまたけお）

発行者　岡本　厚

発行所　株式会社　岩波書店
〒101-8002　東京都千代田区一ツ橋 2-5-5
電話案内　03-5210-4000
https://www.iwanami.co.jp/

印刷／製本・法令印刷

ISBN 978-4-00-730896-3　　Printed in Japan